奇　石
鉴定与选购
从新手到行家

不需要长篇大论，只要你一看就懂

刘道荣　著

文化发展出版社
Cultural Development Press

本书要点速查导读

辨识奇石种类

灵璧石 /037

太湖石 /038

雨花石 /066

蜡石 /074

陨石 /099

了解奇石基础知识

什么样的石头可以称之为奇石/011

奇石成因（水成、火成、风成）/014

奇石的14种命名方法 /017

掌握奇石的鉴定方法

灵璧石、太湖石的成分如何鉴定/12

如何用硬度区分石质好坏/124

如何根据奇石成因辨别奇石类别/126

从 新 手

了解奇石在各省市的分布情况/019

奇石分类一（造型石、图纹石、色彩

石、质地石、特异成因石）/022

奇石分类二（具象石、抽象石、意象石、

特异石）/032

奇石分类一览表/036

钻孔抛光、钻孔喷砂、拼贴/116

什么是化学褪色法/120

浸色法和熏煮染色有何区别/121

识破奇石常见作伪

熟悉奇石基本分类

掌握奇石选购要点

如何选购造型石 /136

如何选购色彩石 /137

如何选购图纹石 /138

如何选购特异奇石 /139

奇石的后期处理

清洗（清水洗、草酸洗）/146

常规奇石的后期处理 /147

蜡养法的方法及适用条件 /151

油养法的注意事项 /152

到 行 家

决定石质优劣的是哪项因素/128

各种奇石以什么颜色为上 /130

造型石欣赏要素：皱、瘦、漏、

俏、丑、秀、奇 /131

奇石完整度的判定 /134

奇石水洗度的判定 /135

熟知奇石的赏鉴方法

哪里能采集到奇石 /141

如何采集奇石 /141

奇石采集知识

奇石和观赏石有什么区别/164

组合奇石如何收藏 /171

雨花石有多少种类/180

灵璧石的"二奇"和"五怪"/183

前言

　　奇石就是奇异之石，所谓奇异主要包括造型奇异、图纹奇异、色彩奇异、质地奇异等，这种奇异必定是自然天成的，来不得任何人为修饰雕刻。

　　爱石、玩石、藏石在我国有着悠久的历史，石文化源于远古，始于秦汉，兴于隋唐，盛于宋、元、明、清。一石一景观、一石一画卷、一石一天地，是追求奇石奇美的精髓。古人说"山无石不奇，水无石不清，园无石不秀，室无石不雅"，这既是对奇石的真实描述，也是对奇石的赞美。奇石作为自然欣赏、艺术鉴赏、感悟人生、寄予情怀、陈列装饰及保值收藏的珍品，如今越来越受到人们的青睐。

　　本书为奇石收藏入门级图书，将分四个部分介绍奇石收藏的方方面面：一是基础部分，主要介绍奇石定义，奇石的形成及成因，奇石分类，奇石形体分类和题名，奇石种类鉴赏（包括水成石类、火成石类、风成石类、切磨石类等奇石）；二是鉴定技巧，主要介绍造型石的真伪鉴别、图案石的真伪鉴别和奇石科学鉴别方法；三是淘宝实战，主要介绍奇石的鉴赏、奇石的选购、奇石的采集、奇石的后期处理、养护和淘宝实例；四是专家答疑。

出版本书得到柴宝成、姜艺丁、于明学、李伊阳、魏文武、孟庆彪等先生很大帮助，书中收录了他们部分观赏石藏品。书中还收录到全国各地许多收藏家的奇石图片，我们在编著此书时尽可能在奇石图片下署上收藏者的姓名，可能存在不准确、不妥或遗漏之处，敬请原谅，对他们的热情支持表示衷心感谢。还要感谢中钢集团天津地质研究院有限公司敬成贵院长及其他院领导对出版此书的支持。

编著此书参考了大量文献和有关网站，尤其是宁石斋黄人希先生在网站上发表的《中国观赏石简介》对编著本书有很大帮助，在此一并表示诚挚谢意。

希望出版本书能对奇石爱好者有所帮助。由于作者水平有限，文中不妥之处敬请批评指正。

目录

基础入门篇

奇石概述 …………………… 10

奇石的形成及成因 ………… 14

奇石的命名 ………………… 17

奇石分布的省市 …………… 19

奇石分类 …………………… 22

　根据奇石形状质地的分类 …… 22

　根据奇石产状的分类 …… 24

　根据奇石形成成因的分类 …… 25

奇石形体分类和题名 ……… 32

奇石种类鉴赏 ……………… 37

　水成石类／水溶石／造型石 … 37

　水成石类／水卵石／图纹石 … 47

水成石类／水卵石／色彩石 … 61

水成石类／水卵石／质地石 … 66

水成石类／水冲石／造型石 … 68

水成石类／水冲石／色彩石 … 71

水成石类／水冲石／质地石 … 74

水成石类／海成石 ………… 76

水成石类／山地石／造型石 … 78

水成石类／山地石／图纹石 … 84

水成石类／山地石／质地石 … 88

火成石类／质地石 ………… 89

火成石类／造型石 ………… 99

风成石类／造型石 ………… 100

风成石类／色彩石 ………… 104

切磨石类 …………………… 105

造型石的常见作伪 ············ 114

　钻孔抛光 ············ 116

　钻孔喷砂 ············ 116

　粘接拼贴造假 ············ 116

图案石的常见作伪 ············ 120

　绘画法 ············ 120

　化学褪色法 ············ 120

　染料浸色法 ············ 121

烧烤熏煮染色 ············ 121

特殊石种造假 ············ 122

雕刻法 ············ 122

奇石科学鉴别 ············ 123

　成分鉴别 ············ 123

　硬度鉴别 ············ 124

　密度鉴别 ············ 125

　成因鉴别 ············ 126

奇石的鉴赏 ············ 128

　质地鉴赏 ············ 128

　色彩鉴赏 ············ 130

　图案鉴赏 ············ 131

　对比度鉴赏 ············ 131

　造型鉴赏 ············ 131

　完整度鉴赏 ············ 134

　形态鉴赏 ············ 135

　水洗度鉴赏 ············ 135

奇石的选购 ············ 136

　造型石选购 ············ 136

　色彩石选购 ············ 137

　图纹石选购 ············ 138

　质地石选购 ············ 139

　特殊奇石选购 ············ 139

　矿物晶体选购 ············ 140

奇石的采集 ············ 141

　山石的采集 ············ 141

目录

雪山冰川采石 ·············· 143

戈壁沙漠采石 ·············· 143

江河石的采集 ·············· 144

奇石的后期处理 ·············· 146

奇石清洗 ·············· 146

昆石和博山文石的整理 ······ 147

奇石的保养 ·············· 150

水养法 ·············· 150

蜡养法 ·············· 151

油养法 ·············· 152

手养法 ·············· 153

淘宝实例 ·············· 154

"悟空出世"奇石 ·············· 154

"中国版图"奇石 ·············· 155

"小鸡出壳"奇石 ·············· 156

"观沧海"奇石 ·············· 156

"黑妞"奇石 ·············· 157

"肉石"奇石 ·············· 158

"抗震"组合奇石 ·············· 158

"美女蛇"奇石 ·············· 161

专家答疑篇

一、奇石和观赏石有什么区别？ ······· 164

二、如何收藏奇石？ ·············· 165

三、收藏奇石要注意什么？ ·········· 169

四、奇石有什么收藏价值？ ·········· 173

五、彩陶石与彩釉石如何区分？ ······· 175

六、世界上最古老的岩石有多大岁数？ 176

七、什么是黑曜石？ ·············· 177

八、如何鉴别陨石？ ·············· 177

九、水晶绿幽灵是什么？ ·········· 179

十、名句"石不能言最可人"出自何处？179

十一、雨花石有多少种类？ ·········· 180

十二、雨花石如何评价？ ·········· 182

十三、灵璧石有哪"三奇"和"五怪"？183

十四、灵璧石有多少种类？ ·········· 185

十五、如何保养灵璧石？ ·········· 187

十六、最名贵的昆石有哪些品种？ ······ 187

十七、风棱石是如何形成的？ ·········· 188

奇石

基础入门篇

奇石概述

奇石，亦称观赏石，从古至今还出现过诸如雅石、供石、石供、石玩、怪石、异石、美石、巧石、贡石、艺石、珍石、灵石、欣赏石等称谓。现代人们最常用的称谓还是奇石和观赏石。

▼飞龙（灵璧石）
　尺　　寸：宽260厘米
　收　　藏：柴宝成

▲拜月石
　收　　藏：故宫

奇石通常具有天然性、区域性、奇特性、艺术性、科学性、稀有性和商品性等属性。一般说来奇石就是产自自然界未经过人工琢雕而直接可用于陈列、收藏、盆景和园艺的天然岩石。它们应具有奇特的形状、艳丽的色泽、漂亮的花纹和细腻的质地等特点。

然而，有些岩石经过切磨后其颜色更加丰富绚丽、纹理更加清晰漂亮或酷似某些自然动植物体形象，人们也称其为奇石，如大理石、草花石、金海石、蛇纹石等，都需要切磨，甚至抛光才能显示出漂亮的纹饰和温润的质感。还有一些岩石由于内部含有不同矿物和纹理结构，需要磨去外皮，才能显示出漂亮的图案，如菊花石、牡丹石、清江石等，它们也被称为奇石。

  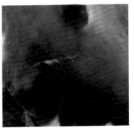

▲ 草花石　　　　　▲ 金海石　　　　　▲ 岫玉

◀ 清江石

尺　　寸：31厘米×22厘米
　　　　　×13厘米

◀ 菊花石
尺　　寸：15厘米×11厘米
　　　　　×9厘米
收　　藏：刘道荣

▶ 牡丹石
收　　藏：刘道荣

　　奇石之所以珍贵，主要是它的稀罕性和天然性。精美的奇石都是经过了千百万年，甚至数十亿年的地壳变迁、火山作用和长期风化作用，有的还需要特殊的次生环境才得以形成。可以想象自然界中形成一块形状绝妙、图案清晰、颜色艳丽的奇石是多么的不易。奇石关键在于一个"奇"字，要奇在造型、奇在纹理、奇在色彩、奇在质地，越奇收藏价值就越高。

▶ 藏瓷
产　　地：西藏
收　　藏：王立平

▲ 塑像（摩尔石）

    尺   寸：高120厘米

    收   藏：柴宝成

◀ 蜡石

    尺   寸：高190厘米

    收   藏：柴宝成

奇石的形成及成因

　　奇石属于岩石。地表的陆地主要由岩石和土壤组成，土壤因其质地疏松而不具有可塑性，岩石则不然，地球上的岩浆活动、火山活动、地震活动、断裂活动、陨石雨以及地表的河流、风沙、冰雪、滴水、海潮等活动都可能将普通岩石变成奇石。由此可见，奇石有多种多样的形成方式。

　　奇石的原石岩石主要包含三大类：沉积岩类原石、岩浆岩类岩石、变质岩类岩石。地球深部经历了岩浆分异作用、结晶分异作用、同化混染作用，形成了不同矿物系列的岩浆岩。母岩经过风化作用、搬运作用、沉积作用、成岩作用形成各类沉积岩。在温度、压力、化学活动性流体的综合作用下发生变质作用，

▲ 片麻岩（变质岩）

▲ 沉积岩纹理（砂岩）

▲ 喷出玄武岩（柱状节理）

▲ 玄武岩（火成岩）

使早已形成固结的各类岩石重新发生各种变化进而成为变质岩。大多数奇石都是由这三大岩石构成或作为其载体。

在长期的地质演变中，这三种岩石可逐步形成各种类别的奇石。多数奇石形成需要地质风化作用和搬运作用，这种风化作用可分为物理风化作用、化学风化作用（物理风化作用使岩石产生机械破碎，化学风化是在氧化、水解、溶滤作用下岩石产生分解）。搬运作用是将风化产物通过水、风、冰、生物等介质搬迁带走。岩石风化作用和搬运作用过程，靠大自然的力量塑造了奇石自然之美。

◀ 梅花图（质地图纹石）
尺　寸：3厘米×3厘米×1厘米
收　藏：刘道荣

归纳起来，奇石有以下几种成因。

1.水成：凡在地下水或是地表水为主要作用下所形成的各类奇石，皆称为水成奇石。

2.火成：凡奇石石质多以火山及岩浆活动及各类变质作用为主者，皆可称为火成奇石。变质岩也归类为火成成因，它们在温压变化和化学流体的作用下，使早已形成的各类岩石重新发生各种变化进而成为变质岩。这样的岩石可以形成各种奇石。陨石、月岩和事件成因奇石也归类于火成成因。

3.风成：凡以其外部形成为风砂所吹蚀和磨砺者，皆可称为风砺石或风棱石，它们为风成成因。

▶太湖石（水成岩）

收　　藏：故宫

奇石的命名

归纳起来我国目前石种的命名方法主要有以下14种。

1.以产地命名，如灵璧石、太湖石、金沙江石、长江石、黄河石、红河石、红水河石、戈壁石等。

2.以形象命名，如玛瑙石、葡萄石、雨花石、姜石、菊花石、牡丹石、蛋白石、孔雀石、木鱼石、石榴子石等；也有在石种前面加上产地的，如湖北菊花石、宜宾雨花石、沙漠玫瑰石等。

3.以纹理命名，如木纹石、涡纹石、锦纹石、云纹石、文（纹）石等。

4.以颜色命名，如黄蜡石、红碧石、墨玉、五彩石、绿松石、田黄、鸡血石、黄玉等。

5.以解理命名，如方解石。

▲ 绿松石

▲ 卷纹石

　尺　寸：20厘米×26厘米×18厘米

　收　藏：张万里

6.以结晶习性命名，如尖晶石、绿柱石、方柱石等。

7.以光学特征命名，如萤石、猫眼石、夜光石、月光石等。

8.以气味命名，如臭葱石、金香玉等。

9.以含水命名，如水胆水晶、水胆玛瑙、腔水玛瑙、石中黄子等。

10.以声响命名，如磐石、响石等。

11.以空心命名，如空石、穿心石等。

12.以成因命名，如陨石、火山蛋、结核石、钟乳石、沙漠漆、硅化木（或木化石）等。

13.以矿物命名，如辰砂、雄黄、辉锑矿、黄铁矿、闪锌矿、锡石、刚玉、胆矾等。

14.以化石命名，如恐龙蛋、贵州龙、海百合、三叶虫、汉江鱼、鸮头贝、珊瑚、叠层石、直角石等。

▲沙漠漆

尺　寸：28厘米×22厘米×16厘米

收　藏：孟庆彪

▲纺锤形火山蛋

奇石分布的省市

中国奇石的种类繁多，分布广泛。按省市分布的情况大体如下。

广西有大化石、马安彩陶石、贺州黄蜡石、柳州草花石、柳州墨石、三江彩卵石、三江黄蜡石、来宾水冲石、石胆、三江黑卵石、百色彩蜡石、天峨卵石、邕江石、浔江石、运江石、马山石、大湾卵石、灵山花石、安陲青石、桂平太湖石、柳州彩霞石、武宣石等。

广东有英石、潮州黄蜡石、阳春孔雀石、花都菊花石等。

湖南有武陵穿孔石、漆水浪纹石、湖南水冲彩硅石、渠水奇石等。

湖北有三峡清江石、三峡长江卵石、黄石孔雀石、渔洋猫眼石、玛瑙石、菊花石、绿松石等。

山东有泰山石、长岛球石、崂山绿石、济南绿石、竹叶石、泰黄石、崮山卵石、紫金石、梅石、淄博文石等。

▲ 大化石

尺　寸：15厘米×10厘米
　　　　×8厘米

收　藏：刘道荣

◀ 三江彩卵石

尺　寸：高45厘米

收　藏：柴宝成

福建有田黄石、九龙璧、寿山石等。

浙江有太湖石、鸡血石、锦纹石、天竺石、青田石、昌化石等。

江西有庐山菊花石等。

江苏有太湖石、昆石、雨花石、栖霞石等。

▲ 九龙璧石

尺　寸：52厘米×36厘米×25厘米

安徽有灵璧石、栖真石、景文石、紫金石等。

云南有金沙江石、龙泉石、巧家石等。

河北有唐尧石、曲阳雪浪石、涞水云纹石、太行豹皮石等。

北京有燕山京谷石、北京星辰石、金海石、房山青石、拒马河石等。

内蒙古有鸡血石、风棱石、葡萄玛瑙、巴林石、戈壁石等。

河南有黄河石、河洛石、嵩山画石等。

吉林有松花石等。

陕西有汉江石等。

辽宁有岫玉等。

甘肃有西夏风砺石、兰州石等。

宁夏有黄河石、玛瑙石、贺兰石。

▲ 松花石

尺　寸：20厘米×23厘米×5厘米

◀ 黄河石

尺　寸：14厘米×12厘米×6厘米

收　藏：刘道荣

新疆有大漠风棱石、戈壁石、彩石、泥石、和田玉等。

青海有河源黄河石、青海丹麻石、玉树彩纹石、青海星辰石、青海桃花石等。

四川有泸州空心响石、涪江石、绥江卵石、青衣江卵石、泸州画石、泸州浮雕石、沫水石、长江绿泥石等。

重庆有三峡石、长江石、夔门千层石、龙骨石、重庆花卵等。

贵州有贵州青、盘江石、乌江石。

西藏有藏瓷、玛瑙等品种。

台湾有龟甲石、台东梅花玉、绿泥石、铁钉石、台湾玫瑰石、澎湖玄武石、宜兰石胆、关西梨皮石、南投龟甲石等。

还有一些图纹种类，如大理石、各类化石及天外陨石等全国各地都有发现。

▲ 四川绿泥石
尺　　寸：13厘米×10厘米
　　　　　×6厘米
收　　藏：刘道荣

▶坐禅（乌江石）
尺　　寸：32厘米×38厘米
　　　　　×24厘米
收　　藏：于明学

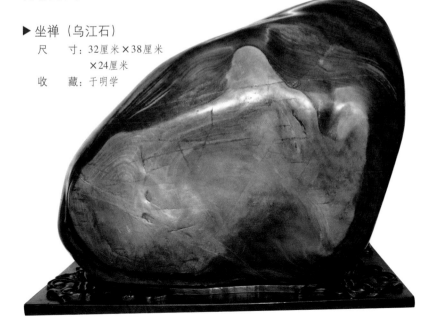

奇石分类

国内出现过多种奇石分类方案，袁奎荣教授等人的分类命名比较早，为很多人所接受。他们主要依据奇石产出背景、形态特征及所具特殊意义等方面差异将奇石分为造型石、纹理石、矿物晶体、生物化石、事件石、纪念石和文房石7类。这里介绍其他几种常见奇石分类。

根据奇石形状质地的分类

● 造型石

这类奇石有的形似自然山景，或者人物、动物及器物等。有的不像任何的具体事物，形状或随意或规则，但依然耐人寻味。如灵璧石、太湖石、昆石、英石、风砺石、云锦石、武陵石、吕梁石、轩辕石、来宾石、松花石、博山文石等。

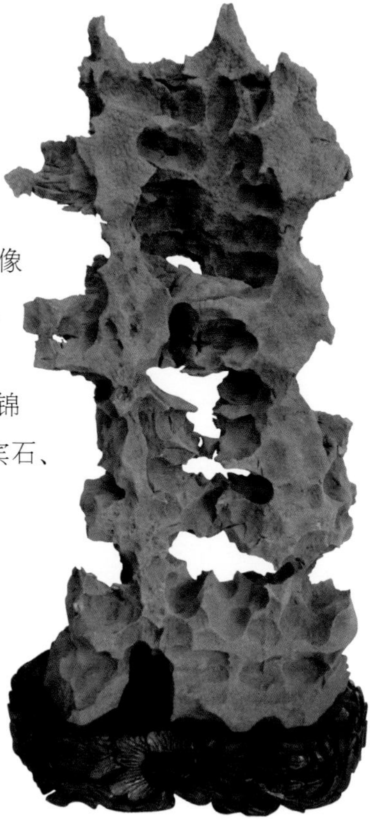

▶ 平谷轩辕石

尺　寸：32厘米×59厘米×28厘米
收　藏：蔡雪杰

● 图纹石

石头表面显现画面或图案，有的画面是随意抽象的，有的画面是具象的。图画石大部分是卵石。因其画面图案的特殊重要性，这类石头的外形是次要的。当然外形好就更加有观赏价值。某些图案石经人工切磨其外形，可以更好地显现其图案。如长江石、黄河石、清江石、金海石、龟纹石、菊花石等。

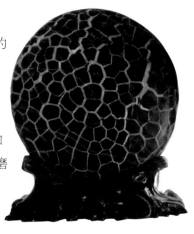

▲ 龟纹石

● 色彩石

这类石头具有个性鲜明的颜色，有些是特殊矿物成分造成，有些是氧化作用等外动力地质作用在石头外表形成。有些色彩石是卵石，大部分不一定具有特定的外形和图案，当然好的图案和外形也能使其身价倍增。如大化石、崂山绿石、长江红、三江彩卵、长江绿泥石。

● 质地石

这类石头具有贵重而漂亮的质地，因为这种特定的质地，往往也具有一些特定的颜色。这种质地珍贵的石头如果具有好的天然形态和颜色，将更加珍贵。这类石头经常用

◀ 长江红

尺　寸：25厘米×18厘米×15厘米

▶鹤鸣九天（黄河石）

尺　　寸：25厘米×25厘米×12厘米

收　　藏：魏文武

来雕刻或切磨成为工艺品或饰品，目前也有人直接将原石（不作任何雕琢）作为奇石收藏。如蜡石、玛瑙、各种玉石和章料。

●**特异成因石**

在地质作用必然形成的三大岩类岩石之外的奇石，都应该属于此类。它们之所以被喜爱和收藏，是因为它们特异的成因本身，或者因为特异的成因而具有的特异品质。例如：陨石、火山蛋、闪电熔岩。

根据奇石产状的分类

产状，是指石头的产出特性，比如河流、湖泊、海洋、高山、戈壁滩，还有其他人们不熟悉的环境等，或经过人工加工。

1.水石——产出于有地表水作用的地方（河流、海洋、湖泊）；水石包括流水搬运磨蚀形成的卵石和流水冲蚀（冲蚀时石头原地不动）形成的其他形状的石头。

2.山石——产出于常年水流作用环境之外的高山上。

3.戈壁石——产出于西北戈壁。

4.切磨石——石头经过人工切磨。

5.其他——雪山、南极、月球、火星等。

上面的奇石分类方案各有优点。但是，在奇石交流中，奇石的名称甚至比分类更重要，所有奇石取名要科学、易懂、好记。比如太湖石、红河石、英石、三峡石、钟乳石、风棱石、菊花石就广泛被人接受，而百合玉、黄蜡玉、硅化玉就容易让人疑惑。奇石取名叫石最贴切。有些奇石取名后最好加上产地名称，如广西红河石、内蒙风棱石，这是为了便于交流，让人知名就知石的类别、产地。

根据奇石形成成因的分类

　　笔者认为奇石分类与原岩岩性关系不大，重要的是分类能反映出奇石类别特征以及最后形成的状况。为此，笔者尝试着按这一思路对奇石进行分类，这种奇石分类方法增加了奇石种属和类别的划分，同时保持了现在奇石通用的种类的划分方法。

▼ 戈壁和田玉
　　收　　藏：刘道荣

这种奇石分类方法还不够精细，肯定存在许多不足，但是笔者试图让奇石爱好者根据这种分类方法，就能了解奇石的形成成因、产状，甚至外形。

大多数奇石所具有的奇异性主要来自后期改造，也就是原始岩石形成后再经过后期各种次生侵蚀风化或一些特殊地质作用才成为最终奇石的，例如三峡卵石的岩性可以是砂岩，也可以是灰岩，还可以是火成岩，但最后是在江水的冲刷下形成的，为此我们就可以将其归属于水成石的卵石类奇石，如果是河水中形成的称为水卵石，如果是海水中形成的就叫海卵石。还可对这些卵石进行种类细分，即图纹石、色彩石和质地石等。按照这种分类方法，我们将奇石进行如下分类。

● **水成奇石类**

凡以地表水或是地下水为主要作用所形成的各类奇石，皆可归类水成奇石类。细分为5类。

1.水溶奇石类——这类以碳酸盐类原岩为主的奇石与化学风化作用关系密切，它们多是经水溶蚀后在原地形成的，如灵璧石、太湖石、英石、钟乳石等。水溶奇石主要以造型石为主。

2.水卵奇石类——这类奇石多形成在大江大河中，经过较长距离的搬运而滚圆，成为磨圆度较好的卵石，如长江石、乌江石、三峡石、黄河石、雨花石等，水卵奇石主要包括有图纹石、色彩石、质地石等。

3.水冲奇石类——这类奇石多形成在湍急的河流中，河水冲刷剧烈但搬运距离不远，其磨圆度不好，但水洗度较高。如九龙璧石、摩尔石、大化石、来宾石、彩陶石、黄蜡石等，主要为造型石、色彩石、质地石等。

4.海成奇石类——这类奇石多形成在海底或海边，由于潮汐、海水作用的影响使其形态变化多端，如崂山绿石、长岛卵石等，主要为造型石、图纹石、色彩石和质地石等。

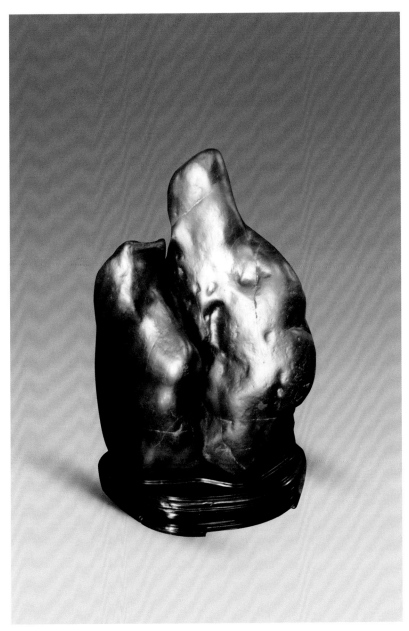

▲ 来宾水冲石
　　尺　　寸：39厘米×30厘米×28厘米
　　收　　藏：于明学

5.山地奇石类——这类奇石多与物理风化作用关系紧密，它们多形成在山坡、沟壑、荒野中，是雨水、地表水活动、冰雪等风化剥蚀作用的结果，故归属水成石。如武陵石、吕梁石、秦岭石、泰山石、结构石、构造石等就属此类，主要有造型石、图纹石和质地石等。

● **火成奇石类**

火成奇石是火山和岩浆活动形成并受次生风化侵蚀作用影响很小的奇石，包含质地石、色彩石和图纹石，如和田玉、寿山石、玛瑙、牡丹石等。还有一些造型特殊的火山岩或岩浆岩的造型奇石，如火山蛋、浮石、玄武岩柱等。

▲ 吕梁石

▼ 寿山石朱砂冻石原石（山坑石）

●风成奇石类

这类奇石多产在干旱的沙漠戈壁之上，它们与风砂磨蚀作用关系密切，这些经风砂吹蚀和磨砺的奇石，皆可称为风砺石或风棱石、戈壁石等。主要形成各种奇异的造型石、质地石或图纹石。

●切磨奇石类

这类奇石需要切磨或抛光才能显露其美，它们可以是沉积岩，也可以是火成或变质岩。如菊花石、红丝石等图纹石，而一些质地石也是需要打磨才能显出其质地的温润细腻，如玛瑙、孔雀石等。

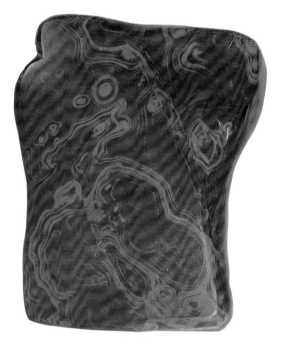

▲ 红丝石

●砚石类

这类石种多为泥质或粉砂质沉积岩构成，其质地细润光滑，特殊外表及纹理构造别具一格，再加上顺应砚石奇妙外观和纹理的巧刻，使其具有实用性和观赏性。

● 矿物晶体类

矿物也是奇石的重要类别，造型完美、晶形奇妙、晶莹剔透的矿物观赏价值很高，并且具有较高的科学研究价值。矿物分为单一晶体、多种晶体、集合体三种类别，矿物名称的鉴定、分类仍归属矿物学范畴。结晶完美的矿物晶体分布是十分罕见的，矿物晶体是很重要的奇石类别，浸染状矿石也是十分重要的矿石奇石类别。单一晶体是由一种矿物晶体组成，如石英（水晶、晶簇），方解石（晶簇、冰洲石），白云石（晶簇）等。多种晶体是由多种矿物晶体组成，如辰砂、水晶、方解石晶体组合，萤石、白云石、方解石晶体组合等。矿物集合体奇石，矿物结晶微细，以多种色泽艳丽矿物组合最佳，如菱铁矿结核体、豆状、肾状赤铁矿、雄黄、雌黄、方解石组成侵染状矿石等。

由于篇幅原因，本书没有专门介绍砚石类、矿物类和化石类奇石。

▲ 水晶晶族

▲ 红宝石原石标本

奇石形体分类和题名

　　奇石形体大体可分为具象石、抽象石、意象石、特异石等数种。奇石题名主要根据奇石造型、形态、纹理和图案等外形特征。其作用与意义在于突出主题、画龙点睛、表达情意、拓宽境界、升华神韵、加深印象。

● 具象石

　　顾名思义，具象石形象逼真，几乎可达到乱真的地步。严格地讲，具象石必须具备以下几个条件：

　　（1）整体形象好，没有累赘之物，但也不缺肉少骨。

　　（2）主要部位酷像。如像人像的奇石，其头或面部轮廓要逼真。

　　（3）厚薄适中。

　　除了上述条件外，如果人物还有眼睛、四肢，身躯较明显、有序，又具有动感，那就不失为一块极品石了。具象石较容易辨别，正因为如此，所以具象石也较难觅到。因此，具象石题名就要具体，如奇石的造型酷似人物、动物，或奇石上纹理像人物、动物等，可题名伟人毛泽东、爱因斯坦、力拔山河、丽人行或奔马、鹰击长空、鱼翔

▶ 和平鸽（雨花石）

　　收　　藏：刘道荣

◀熊猫与哈巴
（长江石）

浅底等。如果造型或图案不是单一图形，出现两个人形图案就可以取名"母子情"、"悄悄话"等。如奇石似山水、秋熟、楼宇等图案，可题名如：港湾、石径斜、摘星台、东方之珠、夏威夷之光等。还有文字图案似"寿"、"福"或"国"等，就以相应文字题名。当然具象石题名也可较为含蓄、朦胧，可以令人有许多自由联想的空间，如：初春、静观、情深、慈颜沧桑岁月、竹梅菊兰等。

● **抽象石**

相比较而言抽象石是更具有哲理色彩和意境的奇石，有时意境深不可测。抽象石的线条比起具象石更加简洁、明了，体现了无限的空间和力度。抽象石的鉴赏，需要一定的石文化基础及较高的艺术思维能力，要注意整体思维构造与局部思维构造相互结合，再加以抽象，

▼天马行空
尺　　寸：49厘米×20厘米
收　　藏：岳其永

便可形成较高的赏石情趣。它可因观赏者的年龄、学识、修养、素质的不同而产生出不同的感悟。在奇石鉴赏中，抽象石品位高，但易被忽略，难发现。一块好的抽象石，会把鉴赏者带入极高的玩石境界。这种奇石题名也很有意思，文字应比较简洁，含有深意，力求获得弦外之音、回味无穷的效果，如：石破天惊、古井无波、自在、沧桑悟、悔、柔、韵等。

● 意象石

意象石介于具象石与抽象石之间。这就是大多藏石者所说："似像非像"之石。所谓"似像非像"，是因为它有点像，或部分像，或总体感觉像。另外，再加上观赏者的想象力，意象石便有了更广阔的想象空间。由于综合素质的差异，对同一块奇石往往会出现大相径庭的评说。图案石的题名，题材非常广泛，如是自然景色，可采用切题古诗成句，如：云山晚霞、空谷幽兰、人面桃花相映红等。色彩石的题名自然以点出石色之神

▲ 悟（乌江石）

尺　　寸：26厘米×12厘米
　　　　　×14厘米

收　　藏：于明学

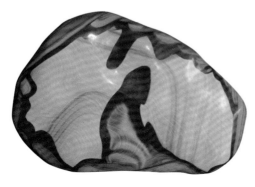

◀ 省（金海石）

尺　　寸：20厘米×15厘米
　　　　　×9厘米

收　　藏：杨枫

采为上，如：绿肥红瘦、烟竹凝翠、
姹紫嫣红等。

● **特异石**

特异石题名当然应当点出此石
特异之处，若能做到含蓄而有诗意则
更好。题名要点出奇石的特点，而
且简明含蓄。如古人就题名有"息
石"、"醉石"、"醒石"等。

有人说识具象石者多，而得之者

▲ 秋风瑟瑟（草花石）

少；识意象石者多，而得之者众；识抽象石者少，而得之者更少。这
话颇有几分哲理，值得藏石者玩味。

▼ 星际之门（灵璧石）

尺　　寸：宽500厘米

收　　藏：柴宝成

奇石分类表

水成石类	水溶石	造型石	灵璧石、太湖石、英石、昆石、青州石、博山文石、墨湖石、燕山石、栖霞石、钟乳石和石笋
	水卵石	图纹石	三江石、三峡石、长江石、汉江石、黄河石、长阳清江石、湖北云锦石、平谷金海石、京密石、广西藻卵石、石胆石、广西天峨石、广西大湾石、岷江石、四川金沙江石、金钱石、青海江源石
		色彩石	长江红、三江彩卵石、长江绿泥石、汉中金带石、贵州乌江石、云南金沙江石
		质地石	雨花石、青海彩石
	水冲石	造型石	摩尔石、广西来宾石、恭城墨石、贵州盘江石、黔墨石
		色彩石	九龙璧石、柳州彩陶石、大化石、耒阳碧彩石
		质地石	蜡石、贵州马场石
	海成石		崂山绿石、长岛球石
	山地石	造型石	武陵石、吕梁石、轩辕石、构造石、结核石、姜石、幽兰石、千层石、竹叶石、叠层石
		图纹石	龟纹石、临朐五彩石、泰山石、贵州红梅石、蓟县丹青石、青海丹麻石
		质地石	玛瑙、吉林松花石
火成石类	质地石		和田玉、翡翠、南阳玉、寿山石、青田石、昌化石、巴林石、长白石、青金石、梅花石、广绿石、蛇纹石玉（岫玉）、密玉、东陵石、贵翠、晶白玉、绿冻石、云南黄龙玉
	造型石		火山蛋、陨石
风成石类	造型石		风棱石、新疆玛瑙、泥石、沙漠漆、葡萄玛瑙、硅化木、藏瓷
	色彩石		新疆彩石、碧玉
切磨石类			大理石、天景石、红丝石、彩石、草花石、彩霞石、松林石、菊花石、牡丹石、玫瑰石、紫金石、燕子石、木鱼石、徐公石、紫袍玉带石

奇石种类鉴赏

水成石类 / 水溶石 / 造型石

● 灵璧石

灵璧石有着"天下第一石"的美誉，集质、声、形、色诸美为一身。灵璧石为8亿~9亿年前晚元占代地层中的石灰岩主要通过水溶蚀风化而成。颜色有黑、白、赭、绿和杂色。黑色叫黑灵璧、白色称白灵璧，还有彩灵璧、彩癣灵璧以及灵璧磬石等。种类有磬石、纹石、黑白石、透花石、菜玉石、五彩石等。摩氏硬度5~6。产地：安徽灵璧。

灵璧石评价的标准以瘦、皱、漏、透为基本标准。同时还包括声、形、质、色、纹等方面评价。

声音。灵璧磬石击之金声玉振，余音绕梁。敲击无声或声音不响亮，说明石体质地不够致密，或是有伤，或有石膈（筋脉病态或脉筋过宽）。

形态。如果灵璧石有惟妙惟肖的肖像景物；或气韵生动，震撼人心；或轮

▶ 兔巴哥（灵璧石）

收　藏：刘道荣

▲ 花灵璧石

尺　　寸：5厘米×15厘米×4厘米

廓抽象，写意传神；或意境无穷，耐人寻味；或色彩艳丽，气质高雅；或纹理图案天然成趣，妙不可言，它们品鉴价值和收藏价值就很高。

质地。灵璧石是质坚之石，长期裸露在磬石山表层的磬石，虽然久经暴晒和风、霜、雪、雨的摧残，但绝无燥裂剥蚀等现象，其筋骨不仅锤炼得更加精炼，而且更能显示出坚贞的特殊气质。

色彩。一些灵璧石长期裸露地表，其皮表颜色古朴自然。晴天一般为灰色或灰青色，经雾润、霜侵或雪、雨淋洗后其颜色发生深浅不同的变化，此时多为深青色或青黑色奇石。

纹理。灵璧青黑色磬石在表皮多具有深浅不一的凸凹纹理。主要有胡桃纹、蜜枣纹、黄沙纹、树皮纹、鸡爪纹、线纹、螺旋纹、龟纹、山石皴纹、金丝脉纹、银丝脉纹和赤丝脉纹等，各得其妙。

灵璧石的声、形、质、色、纹综合起来的美，有形体美、形态美、神韵美、色彩美、纹质美和音韵美等。能具备以上诸美之一者，就有收藏价值。

● 太湖石

太湖石是2亿~3亿年前石炭、二叠、三叠纪的白云岩、石灰岩经风化形成。分白太湖石、青黑太湖石、青灰色太湖石。摩氏硬度3~5。主要产地：北京房山、安徽巢湖、江苏南京、弁山、山东临朐等地。太湖石久享"千古名石"之盛名，它在中国四大传统名石中最能体现"瘦、皱、漏、透"这一古典赏石标准，有较高的观赏价值和收藏价值。

瘦——是指石的体态苗条多姿，有迎风玉立之势；或者说石体挺拔俊秀，线条明晰。

皱——指石体表面多凹凸，高低不平，阳光下显出有节奏的明暗变化。

漏——指石体具大孔小穴，上下、左右、前后孔孔相套，八面玲珑。

透——指石体玲珑多孔，石纹贯通，"纹理纵横，笼络隐起"。

此外，评石还有另外"四字"标准，即：清、顽、丑、拙。

清——指太湖石具有阴柔秀丽之美。

顽——指太湖石具有坚烈阳刚之美。

丑——指太湖石具有愚拙奇异之美。

▲ 太湖石

尺　　寸：40厘米×65厘米×40厘米

收　　藏：刘长龙

拙——指太湖石具有浑朴敦厚之美。

近年来，有人对太湖石评价标准归纳为"十五字"标准，即：瘦、皱、漏、透、清、顽、丑、拙、怪、质、色、形、秀、奇、雄。个别的还提出，瘦、皱、漏、透、秀"五字"标准。总之，无论是"四字"标准还是"十五字"标准，不仅都适用于江苏太湖石，而且对造型类奇石（如灵璧石、英石、昆山石等）也都适用。

●英石

英石是经大自然的千百年骤冷曝晒，箭
雨风刀，神工鬼斧雕塑而成的玲珑剔透、
千姿百态的奇石，"瘦、皱、漏、透"四
字概括了英石的特点。英石为石灰岩风化而
成，形成于3亿~4亿年前泥盆纪和石炭纪。分阳
石、阴石，石质坚硬，体态嶙峋，具天然的丘
壑皱，摩氏硬度3~5。主要产地：广东英德。

英石区别于太湖石、灵璧石。它不仅可以用
于园林，更能作摆件清玩。有大器、中器、构件、

▲ 英石

小件之说，它的大器、中器要一石体现出山的整体
为标准，峰峦起伏，嵌空穿眼，质坚苍润，叩之清越，讲究的是大气
象。它的小件削瘦而坚硬，秀中有骨，褶皱又有白筋，形成丰富图案，
而滴漏留痕，孔眼相通，质朴简约，品格独特。

▲ 英石
尺　　寸：53厘米×22厘米×26厘米
收　　藏：蔡联勇

▲ 清·英石
尺　寸：高20厘米
成 交 价：7.28万元

● 昆石

　　昆石具有空灵美、形态美、石质美。它的天然孔洞层次错落，具备赏石"瘦、皱、漏、透"四要素。昆石以雪白晶莹、窍孔遍体、玲珑剔透为主要特征。主要为硅化角砾岩和白云岩风化而成，原石形成于5亿年前的寒武纪。昆石洁白似玉，玲珑剔透，故称"玲珑石"。摩氏硬度7。主要产地：江苏昆山。

▶ 光雪峰　昆石
尺　寸：高13厘米
收　藏：故官

上品昆石遍体雪白晶莹，窍孔遍布，玲珑剔透，坚硬如玉，具有"伛"、"醉"、"瘦"的形态。"伛"是指石身上部稍虽前倾俯。"醉"是指石体有左右顾盼之势。"瘦"则是石身峰孔剔透，秀丽明皙，各有仙态。

●青州石

青州石石形玲珑剔透、千奇百怪。呈紫、灰、棕、黑等颜色，纹理纵横交错，以纹理奇特著称。青州石为4.4亿~5.5亿年前寒武、奥陶纪石灰岩风化而成。分小玲珑石、大玲珑石、纹石、杂色混生石、红丝石等。摩氏硬度3~5。主要产地：山东青州。

青州石多为石灰岩，多含有白云石晶体。由于长期暴露于地表，经风化作用，石中的白云石晶体被水溶解形成孔洞。青州怪石大者高达数米，小者仅几厘米。造型既有具象又有抽象，或以瘦、透、漏、皱见长，或以纹理奇特著称。

●博山文石

博山文石造型奇特，富有神韵，或为物状，或成峰峦，或玲珑剔透，千奇百怪，具有瘦、漏、透、奇、灵的特点。其纹理丰富、脉络清晰、极富韵律感。博山文石为沉积石灰岩和含白色石英岩。形成时间与青州石相同。其表纹理脉胳变化多端，具斧劈皱、折带皱等。摩氏硬度4~7。主要产地：山东淄博。

▲ 博山文石

尺　寸：100厘米×20厘米
　　　　　×20厘米

▼ 博山文石
　　尺　　寸：45厘米×26厘米×33厘米

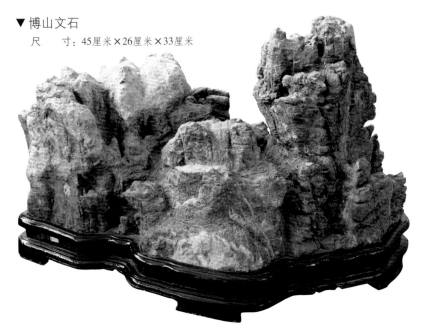

　　博山文石主要分为山形型和象形型。其中山形石峰峦参差，皱皱多变，有独峰、双峰和群峰等，纹理丰富，脉络清晰，极富韵律感。象形石浑雅灵巧，形象逼真，有人物、飞禽走兽等，造型具象淳朴，含蓄达意，既以似与不似之传神，又呈出神入化之趣。

● **墨湖石**

　　墨湖石形似太湖石，其变化多端则更胜一筹。柳州墨湖石又分为白纹墨湖石和云雾石等，石上白纹较多者，被称为花墨湖石。石上布满白点的，称为雪花墨湖石。墨湖石属碳酸钙沉积岩风化而成，色黑似漆，常见白纹分布其间。

▶ 柳州墨湖石
　　尺　　寸：16厘米×19厘米×9厘米
　　收　　藏：松竹梅奇石苑

▲ 柳州墨湖石
尺　　寸：41厘米×28厘米×32厘米

外形多玲珑多姿，有瘦、透、漏、皱之特征。摩氏硬度为3～4。主要产地：广西柳州。

常见的墨湖石，象形状物，惟妙惟肖。但墨湖石中也有不少上品，石上多石眼和弹窝，极类似太湖石，而在瘦皱漏透方面，则胜太湖石一筹。墨湖石石肤表面很光滑，但石质脆而不坚，这是其最大弱点。

● 燕山石

燕山石是指产于燕山山脉的含燧石灰岩、白云质灰岩类奇石。分云纹石、层纹石、麻皮石、燕山卵石等。燕山石多见有灰青、褐色、褚红夹青、纯白、青灰夹黄等，纹理逼真，富有变化，质感古朴，光泽凝重，其形态极为丰富，以象形状物者较为多见。摩氏硬度4～7。主要产地：北京燕山地区。

▶ 峻峰宝塔（燕山虎皮石）
尺　　寸：23厘米×42厘米×21厘米

▲ 层纹石（燕山石）
　　尺　　寸：25厘米×22厘米×20厘米
　　收　　藏：李兴国等

● 栖霞石

　　栖霞石石色以青灰、褐灰、黑灰为主，红、黄、白、褐次之。形态千奇百怪，大多数为山形石或景观石。石肤纹理，错落有致，古朴典雅，浑厚沉稳。栖霞石为2亿多年前的二叠纪泥质灰岩及白云质灰岩经风化而成。其具典型皱漏瘦透的形态。摩氏硬度4～5。

▼ 栖霞石
　　尺　　寸：55厘米×56厘米×38厘米

主要产地：江苏南京地区。

　　栖霞石石质有粗有细，质粗者嶙峋苍古，质细者清润亮泽；栖霞石造型有的漏、透、瘦、皱、嵯峨空灵；有的峰峦叠嶂，嶙刚峭丽；有的凌空倒挂，峰回路转；有的清润秀丽，叩之如磬。栖霞石的表层纹理，深浅有度，乳凸处清润光泽，如霞似锦，凹陷处纹理清晰，疏密有致，似行云流水，具有独特风采神韵。

●钟乳石和石笋

　　钟乳石和石笋为溶蚀沉淀石，主要分布在石灰岩岩溶地貌区域。形体都保存得较为完好精巧，表面呈葡萄、核桃壳、灵芝、浪花等形状，可谓造型千姿百态。钟乳石颜色有白、棕黄、浅黄、青、琥珀色等。摩氏硬度2～3。主要产地：广西、湖南、云南各地。

　　现在石钟乳以及其他洞穴观赏石是国家保护的资源，个人不允许随便开挖，更不准进入市场交易。将溶洞中数百万年形成的钟乳石移作它用（据称，石钟乳约30～50年才增长1厘米），造成对地貌及自然景观的破坏，十分可惜。

▶钟乳石
　　尺　　寸：15厘米×22厘米
　　　　　　　×13厘米

水成石类 / 水卵石 / 图纹石

● 三江石

三江石是形成于8亿～10亿年前的碧玉化石英岩、碧玉岩等岩石，经过湍急河水的千百万年磨砺冲刷，使其变为光滑圆润的各种彩卵石。三江石颜色有深蜡黄、暗褐、墨绿、血红、红棕等色，常交互穿插而生，多数三江石有清晰图案，以带深蜡黄、墨绿及血红者为上品。摩氏硬度6～7。主要产地：广西柳州。

三江石具有四大特色：一是质坚，石质相当坚硬。二是色艳，特别是红彩卵石，色彩非常艳丽，韵味浓郁。三是形奇，造型奇特多变，有造型奇特的

▲ 三江梨皮石
尺　　寸：22厘米×16厘米×5厘米

景观石、文字石、人物及动物等象形石，以及卵石中形成的斑纹图案浮雕等。四是种多，即石种丰富。除彩卵石类和蜡卵石之外，还有黑卵石类、铁卵石类、梨皮石类、藻卵石类、层状卵石类等石种。

◀ 彩卵石
尺　　寸：28厘米×23厘米×18厘米
收　　藏：魏文武

●三峡石

三峡石产于长江三峡中的卵石。三峡石有墨纹石、赤纹石、多彩石、流纹石、菊花石、葡萄石、集锦石、玛瑙石、浮雕石、剥皮石、裂纹石、洞穴石、结核石、千层石等品种。主要产地：长江三峡流域。

▲ 三峡石

三峡石的颜色以黑、白、灰、黄为主，石面常见纹理图案，像人物走兽、像山川河流、像云彩星辰等，还见有文字，真草篆隶俱全。著名的组合石"中华奇石"就产于三峡。三峡石的石表有粗糙与光滑的区别，它们共同的特点就是天然纹理异常丰富。三峡石的裂纹奇特，在千万年的摩擦、碰撞、解体、胶合中三峡石多有裂纹，那些杂乱无章的裂纹中就往往隐藏着奇妙的形象。

▼ 三峡石

尺　　寸：10厘米×16厘米×8厘米
收　　藏：刘道荣

●长江石

指长江上游流域产出的长江卵石。长江石以画面石为主，亦有造型石、色彩石、浮雕石。画面石的表现形式非常丰富，有的如薄意雕刻，有的如螺钿镶嵌，有的如贵州蜡染，有的如风光照片，有的如剪纸皮影，有的如彩墨图画，有的如漫画卡通。常见绿泥石、葡萄石、梅花石、牡丹石、黄蜡石、炭化石、硅化石、雨花石等。奇石颜色丰富，有赤、橙、黄、绿、青、蓝、紫等。主要产地：长江上游区域。

▲ 对虾（长江石）

尺　寸：19厘米×13厘米×6厘米

收　藏：刘道荣

长江石主要为江河滚动搬运，水冲、撞击、沙磨而形成的鹅卵石，外形轮廓线条婉转舒展，线面变化圆转起伏，外表面光滑圆润，水冲度极好。形体饱满纯真，有一种饱经磨砺、浑朴坚贞的品格。长江石外表更为精致圆融，细腻光润，不须打磨处理，图案纹理亦清晰明丽。

◀长江石

尺　寸：18厘米×10厘米×6厘米

●汉江石

汉江石多为砂岩、泥岩、灰岩等卵石。常见象形石、图纹石、文字石、抽象石、化石等。细分有彩韵石、剥皮石、釉光青、墨玉、千眼石、卷纹石、蜡石、玛瑙石、石英石、汉江红石、雪花石、麻光石、竹叶石、钟乳石、石灰岩石、生物化石、矿物晶体等。石上天然纹理有似飞禽走兽及各种景物，画面逼真，极具美感。汉江石经过长期的水洗沙磨，石质细腻、滑润，摩氏硬度5～7。主要产地：湖北汉江流域。

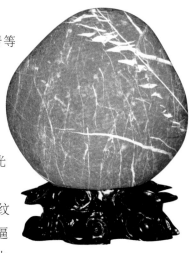

▲ 汉江石

汉江观赏石一般都壮观雄奇，特别适合不同需求的玩赏者。小如核桃、鹅卵、馒头的，可置于盘碗或玻璃缸中以水养之。而中等大小的大多为几千克、十几千克、几十千克不等，特别适合陈列于案桌、台几与家庭居室。较大者则有上百千克、几百千克甚至上吨者，比较适合展览馆、宾馆、饭店、会客厅等公众场所。在色彩纷呈的观赏石家族中，汉江象形石以其鲜明的地域特色和观赏价值，异军突起，受到人们的喜爱。

●黄河石

黄河石是经河水冲刷形成的卵石，黄河石多细腻，有硅质玛瑙质，有沉积岩、变质岩、火成岩等卵石。摩氏硬度5～7。主要产地：黄河流域。

黄河石分山水景观石、形象石、

▲ 旭日东升（黄河石）

尺　寸：15厘米×9厘米×3厘米

收　藏：刘道荣

图纹石、色彩石、生物化石等。其特
点是气势宏大、姿态各异。图案对
比鲜明、色彩艳丽、光泽丰润、
线条流畅、纹理千变万化，形、
色、纹、图神韵十足，形象逼
真。以画面石居多，且内容丰富，
多为一石一景，一石一物，一石一
世界，有神、情、趣、奇等特点。

▲ 太阳石（洛阳黄河石）
尺　　寸：14厘米×16厘米×3厘米

●长阳清江石

清江石常见图纹石、色彩石等，还有化石、造型石等。卵石画面
石奇特多彩，如清江红、清江墨、清江彩板、清江透明、清江乳、云
景石、菊花石等。其卵石的形、质、色、纹，均显现出纹理丰富、色
彩斑斓、反差极大的特殊自然美。图纹石多构成山水花鸟、人物故事
等画面，栩栩如生。原石产自4亿～5亿年前的寒武纪至奥陶纪之间，
其质地多为硅质沉积岩或变质岩，摩氏硬度多在7左右。主要产地：
湖北宜昌长阳。

▲ 清江石
尺　　寸：29厘米×25厘米×11厘米

▲ 清江石
尺　　寸：22厘米×18厘米×8厘米
收　　藏：刘道荣

● 湖北云锦石

云锦石的石胎母岩主要是硅质或硅炭质灰岩，其质地细腻，致密温润。其主色调是黄色与青色，其他为灰白、浅赭、淡蓝、铁红、微黑等色。摩氏硬度 5～7。主要产地：湖北恩施。

▲ 云锦石

云锦石花纹相叠，突出石面高达一厘米，形成浮雕状和镂空状，有的构成人物生肖，或组成文字，或组成亭、台、楼、阁。其显现出古风古韵。有的内胎已蚀尽为镂空石，有的花纹层被冲磨尽失，变成全裸的内胎石骨。其色如古陶、似青铜器，古色古香，其纹如云似锦、如波似浪。

▲ 清江云锦石
　　尺　　寸：17厘米×16厘米×5厘米

●平谷金海石

金海石为河床卵石，其表面光洁圆滑，石质似玉。敲击金海石会发出清脆悦耳之声，摩氏硬度6～7。原石形成于十几亿年前的震旦纪。主要产地：北京平谷地区。

多数金海石在淡黄色的底色上形成浅褐色、黑褐色纹理和斑块。颜色古朴、丰富多彩，图案艳丽清晰，图纹奇特多变。其褐黄色、暗红色多数呈现群峦叠翠的山峰、谷

▲ 红梅（金海石）
尺　　寸：26厘米×22厘米×9厘米
收　　藏：蔡雪杰

崖、湖浪等。黑褐色、黑色的纹理则有古柏、山川草花、森林湖泊、人物动物等。

▲ 云海茫茫（金海石）
尺　　寸：25厘米×18厘米×5厘米
收　　藏：刘道荣

●京密石

京密石为河床卵石，与金海石的形成年代相当，其多为硅质石灰岩、钙镁质白云岩及石英岩、硅质岩。常见图纹石、色彩石等。其中硅质岩者坚硬细腻、光洁滑润。京密石有图纹也有单色、有平纹也有凸纹。图纹卵石多为风化过程中的次生色，石体五颜六色。单色卵石则多为原生色，以景观和象形为主，颜色有红、黄、蓝、绿、紫、白、黑等，色泽深浅不一。主要产地：北京密云地区。

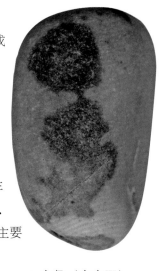

▲ 童趣（京密石）

尺　　寸：4厘米×8厘米
　　　　　　×3厘米

收　　藏：刘道荣

京密石外形多浑圆，且千姿百态，造型奇特、色彩美丽，石表风化轻微，石浆石皮较好，稍光滑，自然颜色和画面较清晰，石纹理粗犷豪放，呈现出山水风光、动物植物等图案。

▲人参（京密石）

● 广西藻卵石

藻卵石呈褐灰黄色，为距今6亿～8亿年前元古代地层中的海生藻类化石，经河水冲刷形成的卵石。其表面密集排布、大小相若的同心球状。圆藻卵石，分平纹和凸纹两种。平纹圆藻卵石是藻纹与岩面齐面；凸纹圆藻卵石是半球状藻体或同心圆状藻纹凸出岩面，故又称金钱石、罗汉石。摩氏硬度4～6。主要产地：广西柳州地区。

▲ 藻卵石

● 石胆石

石胆石属碳酸钙结核，呈深红、黄、黑、青灰等色，以圆状形为多见。有水石胆和山石胆之分。摩氏硬度4～5。主要产地：广西柳州地区。

水石胆产于红水河中，质坚、光滑润泽，色调有枣红色、黑灰色、青灰色等，通体圆滑无棱，单体者多呈扁圆或球状，联体者则自然组合，形成不同的物象，似云中游龙，也有鸟、兽或植物等形态。山石胆产于山区，质坚略脆，石形奇特，粗犷古朴。

▲ 石胆石
收　藏：雕塑希望

▲ 石胆石
收　藏：孟庆彪

●广西天峨石

天峨石也称红水河石，为河水水冲卵石，质地细滑光洁。外形多呈卵状，为浑圆、扁圆、椭圆形。天峨石原岩形成于2.2亿年前以三叠纪为主的地层中。主要产地：广西红水河区域。

色彩或斑驳陆离，或素洁雅致。

▲ 天峨石（凹凸纹）

纹理或平或凹或凸，似版画如浮雕，图案奇异古拙，意境深远。天峨石表面大多呈现图纹，其纹理粗细、曲直千变万化，富有立体感，酷似深浮雕的艺术品，形成的人物、飞禽走兽及各类景观图案惟妙惟肖。

●广西大湾石

大湾石又称大湾卵石，为河水卵石。摩氏硬度5～7。主要产地：广西来宾地区。

其质地细滑光润，色彩丰富，以棕黄色具代表性。石皮均有釉面，似凝脂般润泽，色纹艳丽，对比度强。体量精巧别致，多在几厘米到十几厘米。石形千姿百态，有的象形状物，图案有景观、动物等应有尽有。

◀ 大湾石

●岷江石

岷江石磨圆度较好，质地坚硬，多为圆形、椭圆形等，表皮光滑润泽。摩氏硬度6～8。主要产地：四川岷江流域。

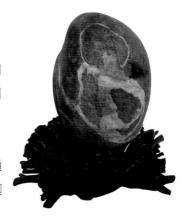

▲ 岷江画石

岷江石的石色有红、绿、黑、灰、白等，以青绿色为多，红的通红、白的透明，色彩纷呈，风格迥异。岷江石多为图纹石，构图清晰，内容丰富，有人物、动物、花鸟虫鱼、山水草木等；造型石数量不多，但象形、状物，生动逼真。岷江石种类较多，有大渡河绿泥石、葡萄石，细腻如肤、色绿如碧；青衣江联想石，古朴粗犷、朦胧典雅；白玉石，亦叫灌县玉，色白纯洁，手感玉润。另有玛瑙石、绿玉石、彩陶石、黄蜡石、铜矿石、石英石、石灰石等。

◀ 岷江画石

●四川金沙江石

金沙江石表面光滑圆润，质地有硅质玛瑙、半透明玉质、沉积岩、变质岩等，石质坚硬细腻，摩氏硬度5～7。主要产地：四川金沙江流域。

▲ 金沙江石

金沙江石色彩艳丽，纹理清晰，对比鲜明，层次感强。石上天然色纹构成奇峰异谷、山涧溪流、树木、星辰、人物、动物等千姿百态的图案。石面光滑平整，石形大气，是厅堂陈设的观赏石佳品。

▲ 金沙江画面石
　　尺　　寸：37厘米×23厘米×15厘米
　　收　　藏：王远才

▲ 金沙江石

●金钱石

所谓金钱石就是奇石表面纹饰酷似古代铜钱。金钱石产出地方较多，如山东、安徽、广西、湖北、陕西等地均有产出，但各地金钱石形状有差异，岩性有不同，其成因也不太一样。

汉江金钱石是一种分布于汉江流域的酷似"金钱"纹饰的卵石，数量很大，成片堆积。在这些石块上，布满规则的正方形或者长方形的小铁块、小铜块以及小方孔。

陕西旬阳境内河滩上产出另一种金钱石，石形自然流畅，大小适中，稳健中透出灵巧。质地坚硬温润，自然朴实，手感甚佳。以深绿色为底，整个石体布满浅黄中套深黄的圆形圈斑，似一枚枚铜钱。这种金钱石是汉江石中的珍品。

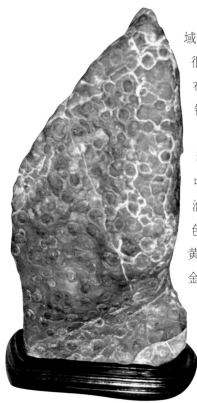

▲ 灵璧金钱石

广西金钱石就是一种圆藻卵石，分平纹和凸纹两种。平纹圆藻卵石是藻纹与岩面齐面；凸纹圆藻卵石是半球状藻体或同心圆状藻纹凸出岩面，又称金钱石、罗汉石，具有很高的赏玩价值。

▶ 山东金钱石

●青海江源石

江源石多为花岗岩、砂岩、火成岩等。其石质多坚硬细腻，以花岗岩类卵石和其他质地的图纹石为主，大体积的卵石居多。摩氏硬度5~7。主要产地：青海长江源头。

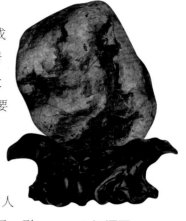

▲ 江源石

江源石是江水千万年冲刷形成，由于搬运距离不长，卵石的整体磨圆度不太高。图纹石的画面内容有人物、动物、文字等。造型石则千奇百怪，形象十分逼真，显得大气浑朴、高贵典雅，韵味独到。尤其长江源头的天波石，由岩石沉积纹理构成，波纹流畅，姿态精妙。

▼ 江源石

水成石类 / 水卵石 / 色彩石

● 长江红

长江红就是长江中的红色卵石，这种红卵石或通体鲜红、或局部殷红，有的甚至可以构成一些有趣的画面，特别引人瞩目。长江红多为硅质岩类。其石质坚硬，摩氏硬度4～7。常显松脂等光泽。主要产地：长江流域。

▲ 红心（长江红）

长江红是以欣赏色彩为主的彩卵石石种。色彩类观赏石分单色、复色、多色。以砖红色、粉红色、枣红色为多，辣椒红和鲜红色极少。单色观赏石越纯正色艳越好。复色和多色以越艳丽越好，或对比强烈、或和谐协调。

▲ 寿桃（长江红）
　尺　　寸：18厘米×19厘米×16厘米
　收　　藏：魏文武

▲ 长江红
　尺　　寸：23厘米×36厘米×20厘米

●三江彩卵石

彩卵石又称碧玉卵石，原石为广西古老的变质岩系，有硅质岩、碧玉岩、含铁石英岩、辉绿岩等卵石。摩氏硬度6～7。主要产地：广西柳州地区。

其色彩丰富，斑斓绚丽，显得古朴典雅。其石表质坚，温润如玉。其性质稳定，均匀而坚韧，外表浑圆、古朴。此彩卵石的欣赏，主要在"色"字。三江彩卵其色彩丰富，流光溢彩，斑斓绚丽，显得古朴典雅，深沉凝重。

◀彩卵
　尺　　寸：高120厘米
　收　　藏：柴宝成

▶彩卵
　尺　　寸：高85厘米
　收　　藏：柴宝成

●长江绿泥石

长江绿泥石为江水冲刷形成的卵石，其表面光洁，颜色多变，其色有草绿、青绿、墨绿、金黄等。原石属玄武岩类，摩氏硬度6～6.5。主要产地：四川泸州长江。

长江绿泥石有的石表斑痕状突起，形似蛙类的外皮，故有人称之为青蛙绿，有的石上色纹则形似古梅傲放，也有的间有白石英脉，形成图纹。巧夺天工的异形石和精妙绝伦的画面石，匠心独运的阴刻阳凿，凹凸有致，浮雕般惟妙惟肖，状物写神，充溢着生机和活力。

▲ 葡萄石（凹凸纹）

尺　　寸：11厘米×18厘米×7厘米

▼ 长江绿泥石

尺　　寸：20厘米×18厘米×16厘米

收　　藏：魏文武

●汉中金带石

金带石底色纯黑，石面布有白色、淡黄色、金黄色纹理。金带石为变质硅质岩类卵石，质地细腻、结构致密，摩氏硬度6~7。主要产地：湖北汉中地区。

▲ 汉中金带石

金带石颜色多为黑黄、黑白组合，观感舒畅。金带石纹理流畅，如行云流水的线条，其间那变化无穷的色块，常常幻化出无法想象的图案。金带石造型好、磨圆度也很好。造型变化少而浑圆者居多，且大多底大上小，成为"山"形或半圆形，稳定性好。

●贵州乌江石

乌江石多为碳酸盐岩、硅质岩卵石。其石质坚硬，摩氏硬度5~7。主要产地：贵州乌江流域。

乌江石颜色对比鲜明，艳丽古朴，色纹顺畅，水洗度高，棱角全无，奇形异状者憨态可掬，圆滑平展者石上层次清晰可辨，翠绿、牙白、釉黄等色纹分布有致，细腻雅正，品相端庄清朗。

▲ 乌江石
尺　　寸：20厘米×23厘米×18厘米
收　　藏：魏文武

▲ 乌江石
尺　　寸：30厘米×35厘米×30厘米
收　　藏：魏文武

● 云南金沙江石

云南金沙江石为河水卵石，颜色五彩斑斓，多呈黑、红、黄、白等色。原石为火山岩、沉积岩、变质岩卵石。摩氏硬度5～7。主要产地：云南金沙江流域。

金沙江石色彩石多见，也有千姿百态的图案石。石色清爽明快，线条流畅，底色干净，反差大。石体无污染，水洗度高，外观形状好，自然古朴。有的石中含多种矿物，不同颜色差形成千姿百态的图案。

▲ 金沙江石
收　藏：陋石居

▲ 金沙江石

◀ 金沙彩

水成石类 / 水卵石 / 质地石

● 雨花石

过去也称彩石、文石、五色石、螺子石。雨花石是以玛瑙质为主的砾石，其形成于距今250万年至150万年前。其摩氏硬度6～7。主要产地：南京六合、三峡、泸州等地。

形以圆扁为主，色泽鲜艳，花纹瑰丽，朦胧的透明中似有山川云霞、花鸟鱼虫。雨花石素以质、色、形、纹、呈象、意蕴著称。其主要特征是"六美"：质美、形美、弦美、色美、呈象美、意境美。按照"六美"程度可分为绝品石、珍品石、精品石、佳品石等品级（详情见本书"专家答疑篇"）。

▼ 各种雨花石
收　藏：刘道荣

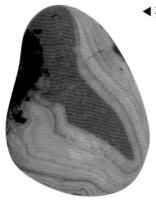

◀孙悟空脸谱（雨花石）
　尺　　寸：2.5厘米×3厘米×1厘米
　收　　藏：刘道荣

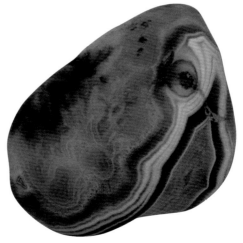

▲ 金蟾（雨花石）
　尺　　寸：3厘米×3厘米×1.5厘米
　收　　藏：刘道荣

● **青海彩石**

　　又称酒泉彩玉、噶巴石。质地细腻，具有玉质感的卵石，摩氏硬度6.5以上。主要产地：青海酒泉地区。原石多为蛇纹岩、蛇纹石化橄榄岩等。

　　青海彩石肌理晶莹，微透明，玻璃光泽或油脂光泽，呈嫩黄、深碧等色，间有松花纹理。体量较大，浑厚古朴。其图纹石多以绿色为基调，嵌墨绿、翠绿、鹅黄、雪白等色纹，偶有红、褐、紫等浸染色，构成崇山峻岭，江河飞瀑，大漠流云等自然画面。

▶ 青海彩石
　尺　　寸：67厘米×60厘米×38厘米
　收　　藏：安邑江

水成石类 / 水冲石 / 造型石

● 摩尔石

摩尔石质地柔韧、线条流畅、极富动态美。其原岩是致密砂岩，后受火山喷发作用影响，经接触变质形成。由于其组分的差异，在流水冲刷等作用下，形成各种惊艳的形体。摩氏硬度4~6。主要产地：广西红水河区域。

摩尔石的线条造型与摩尔雕塑十分相似，其大多色彩单调，以青灰色为主，但造型变化奇，形成难度大，其主题样式带有某种不确定性，更接近于现代抽象雕塑作品，似乎就是摩尔雕塑的翻版。

▲ 摩尔石
尺　　寸：65厘米×260厘米
　　　　　 ×30厘米

◀ 摩尔石
尺　　寸：高35厘米
收　　藏：柴宝成

●广西来宾石

原岩形成距今2.5亿～3亿年前，属硅质凝灰岩、砂岩。其质地细密，摩氏硬度5.5～7.5。主要产地：广西来宾地区。

来宾石细分种类较多，如卷纹石、黑珍珠等。其具有"硬、实、密、重、滑、润"等特征。来宾石风韵天成，其形、质、纹、色、声五大要素俱佳，其形鬼斧神工，其质坚硬晶莹，其纹律动如雕，其色瑰丽多姿，其声清脆如钟。

●恭城墨石

水冲形成，通体黝黑如漆，表面光洁润泽，凝重古朴，偶有极细密的白色纹理。质地细密，为硅化石灰岩类。摩氏硬度5～6。主要产地：桂林恭城。

墨石分为水冲墨石和旱墨石。水冲墨石经河水长期冲刷磨洗，表面细密光洁、润泽，稍加清洗即可欣赏。墨石形状变化多端，异常奇巧，有的似山川景观、亭台楼塔，有的像动物、器皿、几何形体等，异彩纷呈。

▲ 卷纹石
尺　　寸：5厘米×25厘米×20厘米
收　　藏：孟庆彪

▲ 恭城墨石

● 贵州盘江石

盘江石多为石灰石质。摩氏硬度4～5。主要产地：贵州盘江地区。

盘江石以造型石为主，形态奇绝。颜色多为灰、棕、黑等。色泽朴素沉稳。造型色调有机结合，显得古朴凝重，潇洒飘逸。多形成似山川景观、飞禽走兽等多姿的造型。盘江瀑布石，构图精巧，自然天成。瀑布石是沉积岩中嵌入方解石或石英石等物质，构成像瀑布样的白色筋纹，呈现出单瀑、双瀑、瀑群、瀑帘等多种形态。

▲ 盘江瀑布石

● 黔墨石

黔墨石由石英网脉与硅质岩组成，经北盘江水千万年的冲洗磨砺后形成。摩氏硬度约6.5。主要产地：贵州盘江流域。

黔墨石质地光润如玉。色泽深黑。水洗度极高，而且多有成形，也有成景观者，尤其石上穿插白色石英，在黑色背景上似高山流水或大江东去。石有粗皮、细皮之分，偶有一石二色者被称俏色，属上品。

▲ 黔墨石

水成石类 / 水冲石 / 色彩石

● 九龙璧石

九龙璧石是沉积岩变质而成的，其原石形成于距今约2.4亿年前的三叠纪早期。摩氏硬度7.2～7.8。主要产地：漳州华安九龙江流域。

▲ 九龙璧石

尺　寸：60厘米×70厘米
　　　　×25厘米

收　藏：张万里

以其质、色、纹、肌理、形为特色。质地最好，光洁度高，有瓷石的九龙璧石为佳。九龙璧石色彩缤纷。红、橙、黄、绿、蓝、靛、紫七色俱全，尤以翠绿、古铜、墨玉、五彩色为贵。九龙璧石花纹奇特，纹理清晰，有皱纹、平行纹、水波纹、云纹等，如行云流水，绚丽多姿。

▲ 九龙璧石

尺　寸：38厘米×22厘米×32厘米

● 柳州彩陶石

彩陶石其原石多属硅质粉砂岩或硅质凝灰岩沉积岩，属2亿年前的三叠系，摩氏硬度约5.5。主要产地：广西柳州地区。

彩陶石石形以几何形体居多，表面光滑细腻，颜色鲜亮，常见豆绿、灰色、墨色，恰如彩陶一般。彩陶石类中有彩釉和彩陶之分，彩釉石是一种水洗程度更佳，石肌近似瓷器彩釉釉面的奇石。无釉似陶面者称彩陶石。有纯色石与鸳鸯石之

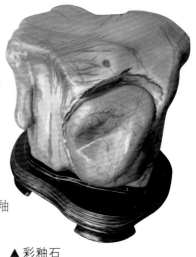

▲彩釉石
尺　　寸：20厘米×22厘米×18厘米

分，鸳鸯石是指双色石，三色以上者又称多色鸳鸯石，鸳鸯石以下部墨黑上部翠绿为贵。

▶人猿（彩陶石）
尺　　寸：33厘米×36厘米×27厘米
收　　藏：魏文武

◀彩陶石
尺　　寸：23厘米×30厘米×20厘米
收　　藏：于明学

●大化石

大化石又称彩玉石。原石属变质硅质岩，形成于约2.6亿年前的二叠系。摩氏硬度约5。主要产地：广西大化红水河区域。

大化石水洗度很强，表面光滑细腻，色泽鲜亮。优质大化石石肤如釉润腻，造型雄浑大气，玉质感强。造型以层台形为多见。大化石的色彩包含了七种色，有的大红大紫，有的纯黑纯白，有的又蓝又绿，有的金黄赤橙。有的大化石一石数色，或双面阴阳，或相间镶嵌。

▲ 大化石

　　收　　藏：李伊阳

●耒阳碧彩石

耒阳石原石为奥陶纪火成岩，迄今已有5亿年，属陷晶质的硅质岩石。经水冲磨砺后表皮光洁亮丽。摩氏硬度为5～6。主要产地：湖南耒阳地区。

耒阳石外表光滑，石质细腻温润，石肌极具质感。石中间有石英纹、黄蜡纹、乌金纹。多呈鲜红、深红、枣红、金黄、青黄等色泽，其色彩成块状或点条纹，变幻分明，过渡色自然，十分艳丽醒目。

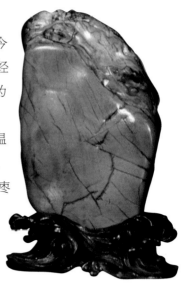

▲ 大化石

　　尺　　寸：32厘米×22厘米×18厘米

　　收　　藏：于明学

◀ 碧彩石

　　尺　　寸：22厘米×12厘米×16厘米

　　收　　藏：佘叔

水成石类 / 水冲石 / 质地石

● 蜡石

蜡石主要是二氧化硅结晶体砾石，有一定磨圆度。其摩氏硬度达到6~7。主要产地：广西、广东、浙江等地。分布十分广泛。

蜡石常见玻璃、油脂等光泽。蜡石的质地，从优到劣依次为玉蜡、蜜蜡、雪蜡、砂蜡。玉蜡石的石质坚硬细密，透明度高。蜡石的色调，以金黄、亮黄、雪白为佳，红色、紫色、绿色为奇，棕黄、褐黄为次，土黄、灰黄为差。分黄蜡石、褐蜡石和黑蜡石、红蜡石、彩蜡石、白蜡石等五大类。

▲ 黄蜡石

尺　寸：宽35厘米

▲ 花蜡石

▲ 潮州五彩冻蜡

● 贵州马场石

马场石又称黄果树碧玉石，原石属硅质变质岩，系前寒武纪海底火山喷发的玄武岩浆与硅质岩浆通过高温高压交织变质而成。石质坚硬，摩氏硬度7。主要产地：贵州普定地区。

马场石石表光滑如琉，珠光宝气。马场石玉质感特强，纹理清晰，色泽鲜艳。其石形怪异、抽象，有具体形状者甚稀。其色彩极为丰富，有红、翠绿、青、银白、墨黑、霞紫、金黄等。它们分水冲石、洞穴石、山地石三种，尤其以有形有色的水冲石为佳。

▲ 马场石

　尺　　寸：15厘米×11厘米×26厘米

▲ 马场石

水成石类/海成石

●崂山绿石

崂山绿石为蛇纹玉或鲍纹玉，成分接近岫玉，又称为海底玉。其主要矿物成分为镁铁硅盐。摩氏硬度4～6。产地：山东青岛地区。

崂山绿石色彩绚丽。以绿色为基调，或墨绿，或浅绿微蓝，间有黄、白、赭色交错，更显其变幻之美。崂山绿石结晶奇妙，绝大多数绿石为层状结晶，但有的排列均匀，有的厚薄悬殊，与不同色彩互为辉映。少数绿石或呈丝状结晶，或为云母结晶（有金星闪烁）。石质细密润泽。翠面为主的称"板子石"的画面石，以石、翠混杂一起叫"镶嵌石"形体石。

▲ 崂山绿石

◀崂山绿石

尺　　寸：38厘米×22厘米
　　　　　×21厘米
收　　藏：张万里

●长岛球石

长岛球石属海水冲刷形成的卵石。石内含有绿泥石、铁、铜、锰等多种矿物质。摩氏硬度为7左右。产地：山东长岛区域。

以石英岩为主的球石质地坚韧，结构细腻，表面光洁润泽，形状大多为椭圆或扁圆，大者如卵，小者如珍珠。石上五彩斑斓，鲜丽夺目，有的红似玛瑙、洁如白玉。有的白底衬红、黄底飘蓝。有的球石纹饰精美，常构成山水、人兽、花鸟、烟雨等图案。

▲长岛球石
尺　　寸：12厘米×7厘米
　　　　　×21厘米

▲长岛球石
尺　　寸：9厘米×8厘米
　　　　　×16厘米

水成石类／山地石／造型石

● 武陵石

武陵石为多年水刷出来的造型。大多形成于亿万年之前，由漫长岁月的地质运动、自然风化，及几经河水冲刷与砂石磨砺后变成。原岩属泥质灰岩，摩氏硬度3～4。主要产地：湖南武陵地区。

武陵石其外表古朴、轮廓分明、造型独特、石质光滑，中间多有层积岩层，构成多处穿孔，别有特色。武陵石其形多样变化，其石底色一般为米黄、浅灰、灰绿、红紫、墨黑等色。石上纹理构成的图象画面则多为深红、赭石、浅紫、古铜等色。武陵石有穿孔石、龙骨石、结核石和武陵画面石等。

▼ 武陵石（湖南）
　尺　　寸：26厘米×19厘米
　　　　　　×12厘米
　收　　藏：何凤来

▲ 武陵穿孔石
　尺　　寸：26厘米×15厘米×16厘米

●吕梁石

吕梁石大约形成于震旦纪，属沉积泥岩及海藻化石岩石。这些低等植物复合组成其独特的垒块形态，受自然风化后形成不规则且排列有序的竖型洞穴。原石为泥质灰岩。摩氏硬度3～4。主要产地：山西吕梁地区。

吕梁石形色浑厚，苍古奇崛，有山石的棱角和水石的圆润。吕梁石肤滑如玉，温润可人。计有象形、泗滨浮磬、方解、殷红、白纹等品种。石表以黄色为主，黑、绿、红为次色，点缀其间。吕梁石一般有一二层，好的多的达七八层，每层带洞，层层幽洞排列，石窟皆呈透状。

▲吕梁石
尺　寸：22厘米×32厘米×23厘米

●轩辕石

轩辕石原石为硅质灰岩，大约形成于8亿年前的元古代下震旦纪。摩氏硬度5～6。主要产地：北京平谷地区。

轩辕石质地坚密，含铁量高。击之，声脆震耳，若金属之音。其色如铁锈，赭红褐灰，宛若出土不久的古代文物一般。通体遍布小龟裂纹，呈凹凸不平的"鳄鱼皮"状结构。外表古朴雄奇、浑厚沉稳，石体有形态各异的众多沟裂洞窍。造型变幻多端，巍峨雄浑，有的状如山峦，有的像各种动物，灵动活泼。轩辕石兼具瘦、皱、漏、透于一体，朴拙成趣。

▶轩辕石
尺　寸：18厘米×25厘米×15厘米

●构造石

构造石品种有角砾岩、破碎岩、褶皱岩等。它们分布十分广泛。

产地：全国各地。

构造石构造复杂、成分多样，使得构造石造型千奇百怪。这是由于剧烈的地质构造运动使一些岩石成为构造岩，加上多次的叠加改造和后期的差异风化，使其更加千姿百态、绚丽多彩。

▶构造石

尺　　寸：25厘米×22厘米×8厘米

收　　藏：刘道荣

▼ "寿"字（构造石）

尺　　寸：20厘米×18厘米×6厘米

●结核石

结核石种类繁多，以铁质结核、钙质结核较为常见。常见结核石种类有铁质、锰质、硅质、磷质、钙质、锶质（天青石）和石膏等。其形状有球状、卵状、不规则状。有造型似人状物，惟妙惟肖。产地：全国各地。

▲ 蓟县砂岩结核石
尺　寸：15厘米×38厘米×28厘米
收　藏：刘道荣

●姜石

姜石的外部形象酷似生姜，故而取名姜石，为钙质结核，其形态多变。其成分以方解石、白云石和高岭石类黏土矿物为主。摩氏硬度约为3。主要产地：陕西、内蒙古等地。

姜石多见白色，其次为黄色、黄褐色、灰色等。形似生姜、白藕、花生、胡萝卜等植物形状者为中品；形似海豹、黄鼬、石猴等动物形象者为上品；形如人物、精灵古怪者乃为珍品。像人物的姜石又称为姜结人。

▲ 姜石
尺　寸：25厘米×20厘米
　　　　×20厘米
收　藏：窦现贵

▶ 姜石

● 幽兰石

幽兰石原岩属碳酸盐类沉积岩。摩氏硬度约4。主要产地：广西柳州地区。

幽兰石以黑色、青灰色为主色调，常带有似流水般的白纹。质坚、石皮古朴粗犷。高雅的幽兰石漆黑如墨，宛若苍穹，其间有白色石英岩，有大小幽兰之分。幽兰石以其逼真的山形景观、人物造型而极具观赏价值。

▲ 幽兰石

● 千层石

千层石是沉积岩密集层理结构纹组成的奇石，纹理成层状结构，在层与层之间夹一层浅灰岩石，石纹成横向，层间凹凸明显。摩氏硬度4~6。主要产地：广西、河北、四川等地。分布很广泛。

千层石外形平整，石型扁阔，纹理独特。造型奇特，变化多端，多有山形、台洞形等自然景观，亦有宝塔形、立柱形及人物、动物等。

▲ 河北千层石

尺　　寸：25厘米×12厘米×10厘米

收　　藏：李兴国等

●竹叶石

竹叶石学名叫竹叶状灰岩，属寒武系碳酸盐类的沉积岩。竹叶石种类较多，已发现十几种，摩氏硬度4～5。主要产地：山东、江苏等地。

竹叶石有灰蓝底色紫红竹叶石、灰青底色白竹叶石、灰白底色紫边黄竹叶石等。石面上布满竹叶状纹理，竹叶千姿百态，呈红、紫、蓝、黄、白等颜色，石体表面花纹分布有致，古朴典雅，清秀可爱。

▶竹叶石

尺　寸：35厘米×110厘米×20厘米

●叠层石

叠层石属生物灰岩沉积岩类山成奇石。它们记录着元古宙生命的起源及演化史，也储存了当时古地理、古生物、古气候、古构造、古地磁等大量远古的自然信息。原石属中上元古界，迄今已有18亿年。摩氏硬度4左右。主要产地：天津蓟县地区。

叠层石纹理绚丽多姿，色彩丰富，斑斓纷呈，石质细腻，纹路天然。颜色多为灰白、灰黄、棕黄等，其特有的卷形纹层是蓝藻遗骸，它们记录着元古宙生命的起源及演化史。它美丽的生长年轮和纹饰堪称是自然艺术品中的奇绝。蓟县的叠层石可以用"古、稀、奇"3个字概括它的珍贵。叠层石的造型石大块的厚重恢宏，小块古朴俊秀。

▲阿拉伯文字（蓟县叠层石）

水成石类 / 山地石 / 图纹石

●龟纹石

龟纹石指石表出现龟背纹饰的奇石。称为龟纹石的奇石种类很多，有的龟纹石是珊瑚化石、有的是碗螺灵璧石，还有沉积结核石等。从区域上分有广西龟纹石、黄河龟纹石、湖南龟纹石、灵璧龟纹石、费县龟纹石等。这些龟纹石石质、结构、外表、摩氏硬度都有很大差距。主要产地：广西、湖南、山东、安徽等地。

▲ 湖南龟纹石

●临朐五彩石

五彩石原石属早古生界寒武～奥陶系浅变质黑色板岩、千枚岩或粉砂岩。摩氏硬度4～5。主要产地：山东临朐地区。

五彩石石质细腻，手感润滑，图案花纹美丽。常见黑紫、灰紫、紫红、铁红等颜色。五彩石画面似天然的山水、景物，有的似逼真的人物、动物，形象惟妙惟肖。五彩石的"奇"就在它绝无雷同，是奇石中的佼佼者。

◀临朐彩石

尺　寸：20厘米×26厘米
　　　　×3厘米

●泰山石

泰山石原石为斜长片麻岩、黑云母角闪斜长片麻岩、花岗片麻岩等变质岩。摩氏硬度7左右。主要产地：山东泰山地区。

泰山石质地坚硬，结构细密，有的结晶颗粒较粗。色调多以黑白为主，有水墨画的清高淡雅，有的还巧妙地嵌入红或黄色的纹饰。多见不规则卵形，以图纹石为主。

▲ 泰山石

▲ 泰山石

尺　　寸：25厘米×22厘米×12厘米

● 贵州红梅石

特征：红梅石属钙质石类。整个石体的纹理，极似浮雕式红梅争艳图案。石形有的凸凹皱襞，

▶ 红梅石

尺　寸：30厘米×10厘米
　　　　　×120厘米

收　藏：原生态奇石

石上每粒斑点都有完整的螺旋状壳圈，自外至内由粗变细，清晰可辨。这些螺旋状红色斑点，可能为三叠纪晚期的"旋螺"古生物化石，有的如绿豆，有的似铜钱，有凸有凹。摩氏硬度可达5.5以上。主要产地：贵州安顺地区。

● 蓟县丹青石

丹青石又称虾米石、墨虾石。属中上元古界叠层石中的一种，迄今已有18亿年。摩氏硬度3~4。主要产地：天津蓟县地区。

该石呈灰色，石上有黑色斑纹，纹理清晰。其石黑白相间，点点墨色宛若水中鱼虾、空中飞禽、地上走兽，多数图案仿佛就是鲜活的群虾图，一只只栩栩如生的大虾惟妙惟肖，令人称绝，故称"虾米石"。它们酷似国画大师的浓墨丹青。

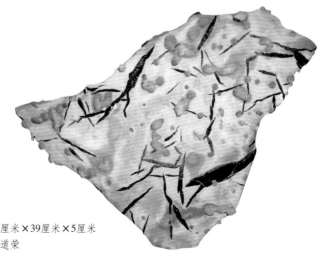

▶ 丹青石

尺　寸：47厘米×39厘米×5厘米

收　藏：刘道荣

●青海丹麻石

属沉积岩类，质地较软，主要为各种含铁矿物质以及方解石、黏土等组成，因其富含铁元素而多呈黄色。摩氏硬度3～4。主要产地：青海丹麻地区。

丹麻石有冻石和雪花石等类，冻石石质较软，温润似玉，常见雪白、乳白、乳黄、褐、紫等颜色。石质透明的

▲ 丹麻石

水晶冻、瑰丽多彩的玛瑙冻和花纹精巧的脑纹冻为丹麻石上品。雪花石呈白色，可看到石中有雪花状的花纹分布。常见线状、带状、波纹状、点簇状、斑簇状等。

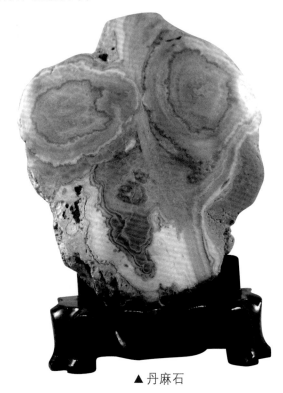

▲ 丹麻石

水成石类／山地石／质地石

● 玛瑙

玛瑙是二氧化硅隐晶质集合体。摩氏硬度7.5～7。产地：世界各地。

玛瑙质地细腻，半透明，显玻璃状光泽。玛瑙具有生长纹理，常见有同心环带状、层纹状、波纹状、缠丝状、草枝状等花纹。其花纹的颜色丰富多彩，有红、白、灰、黄、褐、黑等颜色。有水胆玛瑙、葡萄玛瑙、条纹玛瑙、苔藓玛瑙等。雨花石、风棱石、沙漠漆都可以是玛瑙。

▲ 玛瑙

收　藏：刘道荣

● 吉林松花石

松花石原石形成于震旦纪，属于沉积成因的细晶石灰岩。其摩氏硬度为5.5～6。主要产地：吉林长白山地区。

松花石硬而不脆，玉质感强，色嫩而纯。松花石较其他石种的独到之处，在于"叩之如铜"，声音清脆，悦耳动听。其色因含绿石泥、铁等各种元素，以绿色为主，也有紫黑色、白绿色等。松花石之石纹清晰分明，横白皱纹如行云流水。

◀ 松花石

火成石类 / 质地石

● 和田玉

　　和田玉是由透闪石阳起石矿物组成的致密块体。摩氏硬度6～7，密度2.7～3.1克/厘米^3。主要产地：新疆、青海、辽宁、台湾等地。

▲ 和田玉青玉

　　和田玉质地坚硬而细腻，为半透明油脂光泽，质韧细腻，温润晶莹。和田玉原石经水流冲刷磨砺，磨圆度好的玉块称为籽玉，原石搬运不远，磨圆度不好的玉石称山流水，而在矿山中开采的玉石称山料。和田玉有羊脂玉、白玉、青白玉、青玉、碧玉、黄玉和墨玉等品种。

▲ 戈壁和田玉

　　收　　藏：刘道荣

● 翡翠

翡翠是一种翠绿色的以辉石类矿物为主和少量闪石、长石类矿物组成的集合体。摩氏硬度6.5~7，密度3.30~3.36克/厘米³。主要产地：缅甸。

翡翠呈透明—不透明，玻璃光泽和油脂光泽，质地有玻璃种、冰种、糯化种、豆种等。颜色从翠绿、苹果绿到白、红都有，红者为翡，绿者为翠，紫色为春。

● 南阳玉

▲ 翡翠饰品及黑皮翡翠原石

南阳玉又称"独山玉"。摩氏硬度6~6.5。主要产地：河南南阳地区。

南阳玉色泽鲜艳，质地比较细腻，光泽好，摩氏硬度高，有玻璃光泽，多数不透明，少数微透明。南阳玉为多色玉石，常见为两种或三种以上色调组成多色玉，分别称水白玉、白玉、乌白玉、绿玉、绿白玉、天蓝玉、翠玉、青玉、紫玉、亮棕玉、黄玉、黄蓉玉、墨玉及杂色玉等。

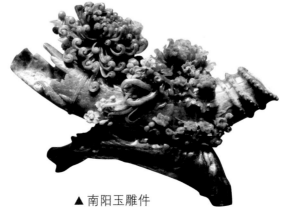

▲ 南阳玉雕件

● 寿山石

寿山石主要由迪开石、叶蜡石等黏土矿物组成。为火山热液交代（充填）形成，产出在距今约1.4亿万年的侏罗纪。摩氏硬度2～3。密度2.60～2.70克/厘米^3。主要产地：福建寿山地区。

寿山石质地细腻，色彩丰富。分田坑石、水坑石和山坑石。水田中产出"田黄"等名贵石品。著名品种有芙蓉石、善伯石、旗绛石、都成石、老岭石、汶洋石、连江黄、山秀园石、鸡母窝石、鹿目格石等。

▲ 寿山石山子

● 青田石

青田石是一种隐晶质板状叶蜡石。成矿年代为距今约1.4亿年的晚侏罗纪。摩氏硬度2.5～3，密度2.7克/厘米^3。主要产地：浙江青田地区。

青田石质地细腻，其显蜡状光泽、油脂光泽。微透明，少数透明。其色淡雅而华丽，除青色外，还有红、黄、蓝、绿、黑、白、紫、褐、花等色。青田石名品还有灯光冻、封门青、竹叶青、金玉冻、白果青田、红青田、紫檀、蓝花钉、酱油冻等。

◀ 绿色青田石雕

尺　寸：35厘米×22厘米×20厘米

● 昌化石

昌化石系辰砂与迪开石、高岭石等矿物的集合体。其形成于7500万年前的火山活动。摩氏硬度为2～4。主要产地：浙江临安昌化地区。

昌化石质地细腻，分透明、半透明、微透明、不透明等。昌化石有黄、红、紫、青、绿、白、灰、黑等基色，主要分为昌化鸡血石、昌化田黄鸡血石、昌化冻石、昌化田黄石、昌化彩石五大类。鸡血石是珍品，冻石、黄石是佳品。

▲ 昌化鸡血石原石

● 巴林石

巴林石系辰砂与高岭石、迪开石、叶蜡石等矿物的集合体。摩氏硬度3～4。主要产地：内蒙古巴林地区。

巴林石质地细腻，分透明、半透明、微透明、不透明等。巴林石质坚纤，细密，色泽丰富。有朱红、橙、黄、绿、蓝、紫、白、灰、黑等颜色。巴林石品种有鸡血石、福黄石、冻石、彩石和图案石五大类。鸡血石品质佳良。冻石类分福黄冻和桃花冻、羊脂冻、玛瑙冻、牛角冻、流纹冻、云水冻、水草冻等。

▲ 巴林石雕件

● 长白石

长白石产出年代距今1亿多年前。摩氏硬度2～2.5，密度2.0～2.8克/厘米^3。主要产地：吉林长白山地区。

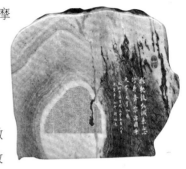

长白石呈白、绿、灰绿、黄绿、黄、橘黄、青、蓝、灰蓝、深褐、褐、红、紫红等色，显玻璃光泽，微透明至半透明，及少数透明。质地致密细腻、坚韧光洁。长白石分为迪开石

▲ 长白石微刻（郝炬光作品）

和高岭石两大类。前者颜色俊俏，花纹奇特而美丽，高岭石类是彩色印石，花色繁多，纹理多样，构成了长白石众多的品种。

● 青金石

青金石古称"金碧"、"点黛"或"璧琉璃"。属架状结构硅酸盐中的方钠石族矿物，是由接触交代变质作用形成。摩氏硬度5～6，纯青金石密度2.38～2.45克/厘米^3。主要产地：美国、阿富汗、缅甸等国。

青金石颜色为深蓝色、紫蓝色、天蓝色、绿蓝色等。如果含较多的方解石时呈条纹状白色，含黄铁矿时就在蓝底上呈现黄色星点，玻璃光泽和蜡状光泽，条痕浅蓝色，半透明至不透明。有青金石、青金、催生石、金格浪等四个品种。

▶ 青金石

尺　　寸：15厘米×18厘米×12厘米

●梅花石

梅花石又称梅花玉。基质为安山岩，石质细密坚硬，摩氏硬度为5～8。主要产地：河南汝州、山西历山等地。

梅花石花纹天然，其底油黑、褐红、墨绿、间映孔雀蓝、玛瑙红、水晶白、竹叶青、金黄、嫩绿诸色。纹理多呈连枝梅花，还有在枝头叶间缀饰千姿百态的鱼鸟虫蝶图纹。

▲ 梅花石

尺　寸：15厘米×24厘米
×13厘米

●广绿石

广绿石又称广东绿、广宁玉，属于硅酸盐单矿物岩类玉石中的云母玉。摩氏硬度2.5～3。主要产地：广东肇庆地区。

广绿石除主要含水白云母外，尚含少量磷灰石、金红石、白钛石等，因此呈现出丰富的色彩。以翠绿、绿海金星、白中带绿、黄中带绿十分罕见，最为名贵，为石中之瑰宝。其质地致密细腻，呈微透明至半透明，分别具有蜡状光泽、珍珠光泽和丝绢光泽，广绿石品种繁多，质地细腻，温润如玉，色泽丰富多彩，广绿石以巧雕艺术最为突出，人们充分利用石材多彩的特性，因石施艺，把天然美与艺术美完美结合，具有极高的欣赏价值与收藏价值。

▶ 广绿石原石

●蛇纹石玉（岫玉）

岫玉属蛇纹石玉，它们形成于镁质碳酸岩的变质大理石中。岫玉形成于1.8至1.5亿年以前。摩氏硬度2.5～5.5，密度2.5～2.8克/厘米³。主要产地：辽宁岫岩、陕西蓝田、青海格尔木等地。

蛇纹石玉玉质非常细腻，半透明至不透明，蜡状至油脂光泽。岫玉分有碧玉、青玉、黄玉、白玉、墨玉、花玉、湖玉、湖水绿、苹果绿、绿白等。相似的蛇纹石玉分布广泛，如蓝田玉、祁连玉等。

●密玉

密玉是一种含云母的石英集合体，产于密县震旦系马鞍山组灰白色细粒石英岩中。属于后期热液交代型矿床。摩氏硬度6，密度2.78克/厘米³。主要产地：河南密县地区。

密玉颜色以苹果绿色和橙红色为主。质地细腻均匀似玉。半透明，玻璃光泽或半油脂光泽。

▲ 岫玉原石

尺　寸：120厘米高、50厘米厚

▲ 密玉原料

▲ 密玉雕件

● 东陵石

东陵石又称印度玉，是铬云母油绿石英岩，摩氏硬度为7，密度2.65克/厘米³。主要产地：印度等地。

东陵石性脆，半透明，断口参差状。按其颜色可分绿色东陵石、蓝色东陵石和红色东陵石。其色很美，呈鲜艳的油绿、碧绿色。具有强烈的油脂光泽和玻璃光泽，半透明至微透明。磨光之后，在油绿的底色上闪耀着

▲ 东陵石原料

光芒四射的小点（为金红石、赤铁矿、铬云母等矿物包体），这种小点俗称为"眼"，其小大约1毫米。优质东陵石往往"眼"多，且均匀地闪烁于油绿的底色上，显得异常美丽。

● 贵翠

贵翠是一种含绿色高岭石的细粒石英岩。贵翠主要是由近90%的石英组成，其次为高岭石。摩氏硬度约7，密度2.65～2.70克/厘米³。主要产地：贵州大厂地区。

贵翠质地坚硬，性脆，微透明，具玻璃光泽，外观与翡翠有些相似，但不纯净，多杂质。常见天蓝、翠绿、浅绿、灰黄、红等色，以天蓝、翠绿为佳。但颜色不均匀。

▶ 贵翠观音

●晶白玉

又称京白玉，是一种较纯的石英岩，石英含量在95%以上，石英颗粒细小，粒径一般小于0.2毫米。它们多与区域变质作用有关。晶白玉摩氏硬度约为7，密度$2.64 \sim 2.66$克/厘米^3。主要产地：北京等地。

晶白玉质地细腻，坚硬性脆。颜色均一，一般为纯白色，有时带有微蓝、微绿或灰色色调，无杂质。

◀晶白玉　　▲晶白玉雕件

●绿冻石

绿冻石属单斜晶系绿泥石滑石岩，摩氏硬度2.5。主要产地：辽宁岫岩等地。

辽宁绿冻石呈淡绿、碧绿、墨绿等色。半透明至全透明，肌理隐有灰白色花纹。石质纯净细腻，光泽强。但其多为层片状结构，绺性较强，石性韧。少数细润、结密、颜色均匀干净者是佳品。

▲辽宁绿冻石

●云南黄龙玉

黄龙玉是一种主以黄色玉髓（占97%）组成的硅质岩。性脆，质坚。摩氏硬度7。主要产地：云南龙陵地区。

黄龙玉佳品石质细腻通透，结晶颗粒微小，为隐晶质结构，半透明至透明，油脂光泽，杂质少，块度大。黄龙玉石质细润，色泽金黄，变化丰富。黄龙玉的主色调为黄色，还有脂白、青白、红、黑、灰、绿、五彩等色泽。

▲ 水草花黄龙玉原石

收　　藏：刘道荣

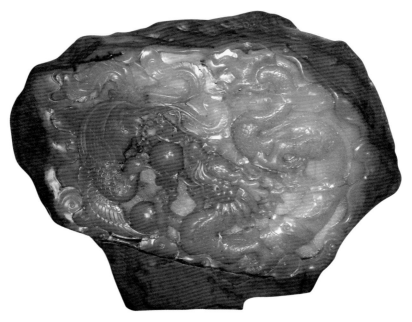

▲ 黄龙玉雕件

收　　藏：王立平

火成石类 / 造型石

● 火山蛋

火山蛋是火山喷发后火山熔浆冷凝后形成的蛋形岩石。主要产地：黑龙江五大连池、云南腾冲等地。

火山爆发时熔岩随着炽热的火山岩浆翻滚，黏度大的火山熔岩团喷飞到空中，在旋转降落过程中，表面冷却，岩浆团成了纺锤形或圆球形，落地后就形成了火山蛋。火山蛋由于快速旋转和

▲ 各种火山蛋

空气的原因，常常形成内空的球体。火山蛋是稀少的地质标本，专家由此可推断出火山的喷发年代、喷发高度、熔岩的成分和酸碱度。

● 陨石

陨石是宇宙中的流星脱离轨道，穿过地球大气层落到地面上的天然石体。产地：世界各地。

分石陨石、石铁陨石、铁陨石。石陨石是最常见的陨石，占全部陨石的92％。石铁陨石是介于石陨石铁陨石之间的过渡型陨石。铁陨石主要由金属铁、镍组成，它的一个重要特征是镍的含量高。铁陨石上会出现一种特殊的花纹，为条带状铁纹石，细带是镍纹石，具有这种花纹的铁陨石称作八面体铁陨石。

◀ 石质陨石

收　藏：刘道荣

┃风成石类/造型石

● 风棱石

风棱石摩氏硬度为6~7。主要产地：新疆、内蒙古等地。

其质地细腻、坚硬耐磨、造型生动、花纹奇特、色彩多样、玲珑剔透。可分造型石和纹理石。是风蚀作用将其磨成具光滑面和明显棱角的风棱石。颜色有乳白、粉红、淡黄、漆黑等。质地有玛瑙、玉髓、蛋白石、碧玉、石英、水晶等，也有坚硬耐磨的岩石等。其钢骨嶙嶙、锋芒险峻，造型绝妙。风棱石、沙漠漆和葡萄玛瑙都是我国西北地区特有的奇石品种。

▲ 玛瑙质风棱石

尺　　寸：5厘米×7厘米×6厘米

收　　藏：刘道荣

● 新疆玛瑙

新疆玛瑙石原石属火山岩产物，由隐晶质纤维状玉髓组成，质地坚硬细腻，摩氏硬度7。主要产地：新疆哈密等地。

新疆玛瑙石是在强风磨蚀、强温差等独特环境中生成的，石体莹润剔透、色泽丰富美丽、纹理流畅，常见红色、琥珀色和白色等颜色，形色俱佳为上品。新疆玛瑙石种类繁多，有缠丝玛瑙、闪光玛瑙、竹叶玛瑙、柴状玛瑙、白玛瑙等类型。其造型依原生空间和后期风蚀的不同，有山景、动物、植物等。

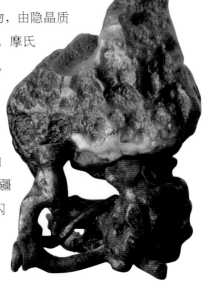

▲ 玛瑙风棱石
尺　　寸：18厘米×14厘米×11厘米

● 泥石

泥石又称古陶石，由泥质岩构成，质地细腻，摩氏硬度约5。主要产地：新疆戈壁。

新疆泥石形态各异，有似扁条或叶状。大多呈棕红、红褐、褚红等色，另有黄褐、咖啡、黑色等。块体数厘米至数十厘米，多数有水纹或草状纹理，象形的不多见。石表有薄薄的包浆。

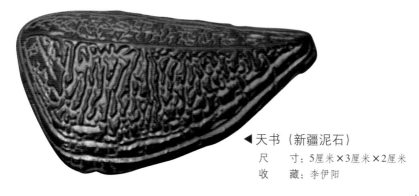

◀ 天书（新疆泥石）
尺　　寸：5厘米×3厘米×2厘米
收　　藏：李伊阳

● 沙漠漆

内蒙古、新疆干旱地区有一些石块其表面形成了一层类似"亮漆"的石皮，故名沙漠漆。摩氏硬度多为5～7。主要产地：内蒙古、新疆等地。

这是风砂打磨、日晒雨淋等综合作用的结果。其载体的岩石有板岩、灰岩、花岗岩、火山岩、玛瑙、碧玉、蛋白石等。沙漠漆还可划分出山水画（中国画）、油画、朦胧画、生物图形等。以画面美丽、造型生动者为佳。

▲ 沙漠漆
　尺　　寸：20厘米×20厘米×16厘米

▲ 沙漠漆
　尺　　寸：28厘米×22厘米×16厘米
　收　　藏：孟庆彪

● 葡萄玛瑙

葡萄玛瑙石石质坚硬细腻，晶莹剔透，表面温润光滑，葡萄玛瑙通体满布色彩斑斓、大小不一、浑然天成的珠状玛瑙小球，互相堆积，串串晶莹，颜色由洋红至深紫等，犹如粒粒葡萄。质地坚硬致密，呈半透明，造型奇特。摩氏硬度7。主要产地：内蒙古阿拉善地区。

▶ 和平鸽（葡萄玛瑙）
　尺　　寸：30厘米×29厘米×18厘米
　收　　藏：孟庆彪

●硅化木

硅化木是在侏罗纪、白垩纪的地质时期，一些大树长期深埋在封闭的地层里，经过亿万年的演变，受氧化硅水溶液的作用，形成了硅质的树化石。摩氏硬度5~7。主要产地：新疆、内蒙古等地。

硅化木分为石英、玉髓、蛋白石硅化木三种。常见淡黄、褐黄、青灰或黑色，在风蚀作用下，木化石更具观赏性。

▲ 硅化木

尺　寸：30厘米×20厘米×15厘米

收　藏：刘道荣

对于木化石的鉴赏，一般应从这几方面入手，首先应把握木化石的原生态，观其树干、树杈、树根、树结、蛀孔、年轮等是否保存完整。应注意后期的风蚀、沙蚀、水冲等作用。简单说就是越像树木越好，其树越奇越珍。一般讲有四五杈者优于一二杈的，有几十个蛀孔的优于多个蛀孔的，有年轮的优于没有年轮的。其次还应注意树木在硅化、铁化、钙化过程中产生的化学变化，而树根、须根及根石相变的木化石比较稀少，所以也就很奇特，它是木化石、树化玉的珍品，其观赏、收藏的价值也很高。

●藏瓷

藏瓷表面光洁润滑而坚硬，酷似精美的古瓷。属硅质岩类。摩氏硬度5~7。主要产地：西藏地区。

藏瓷常见橘红色、褐色、黄色和浅黄色，手感极佳，造型粗犷恢宏。其包浆非常均匀完美，与沙漠漆上品有些相似，但质地更加温润，色泽更加亮丽，瓷感更加强烈。

▲ 藏瓷

尺　寸：50厘米×110厘米×36厘米

收　藏：杨同波

▌风成石类 / 色彩石

● 新疆彩石

新疆彩石是对新疆彩石滩观赏石的统称。玛瑙石玲珑剔透，戈壁玉古朴沧桑，方解石晶簇晶莹纯洁，泥石风淋石深沉厚重。彩石主要有碳酸盐岩、硅质岩、叶蜡石等类别。已知新疆彩石有白云石（蜜蜡黄玉）、大理石、硅质类（羊肝石、硅化木）、叶蜡石等四类。摩氏硬度不同，硅质彩石摩氏硬度7，碳酸盐彩石摩氏硬度3~4。主要产地：新疆地区。

▲ 新疆彩石

尺　寸：20厘米×18厘米×16厘米

● 碧玉

碧玉又称玛纳斯碧玉，准噶尔玉。其矿物成分与和田玉相似。摩氏硬度6~7，密度3.02~3.44克/厘米^3。主要产地：新疆等地。

碧玉呈暗绿、深绿、墨绿色，有玻璃光泽、油脂光泽，微透明至半透明。质地致密、细腻、坚韧，光泽良好，晶莹润泽。

◀ 绿色碧玉

尺　寸：10厘米×7厘米
　　　×6厘米

切磨石类

这类奇石需要切磨或抛光才能显露其美。这类奇石很多，可以是沉积岩，也可以是火成或变质岩。

● 大理石

大理石是碳酸盐岩石的变质岩。摩氏硬度3～4。主要产地：云南大理等地。

大理石母岩为白色，在各种矿物质致色元素的渗透、晕染作用下呈现纹层、条带、团斑等纹理，显

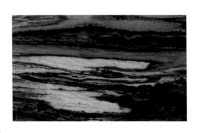

▲ 大理石彩色画面

绿色的是绿泥石，黄色的是金云母，红色、褐色的是褐铁矿化，黑色、灰色的为有机质混染，它们构成千奇百怪、绚丽多姿的花纹图案，往往构成山水、人物、禽兽之类图案，尤以山水题材最为多见。

● 天景石

天景石属沉积岩类泥灰岩，略有变质，摩氏硬度2.9～3.5。主要产地：山东费县地区。

天景石质地细腻，由锰的氧化物侵入沉积而成黑色，由铁的氧化物沉积形成赭红、黄褐色，底色为柔和的绢黄色，或天蓝色、绛红、青灰为基色，杂以墨黑、赭红等色彩。图案可见工笔、写意、版画、油画等效果。天景石经磨光即可欣赏，人们一般都按其画面的图案命名，意境深远，各有千秋。

▲ 天景石

●红丝石

红丝石岩性是泥质白云质粉晶灰岩。形成于早古生代，距今4.5亿～5亿年。摩氏硬度约4度。主要产地：山东青州、临朐等地。

红丝石石质致密细腻，常见有黄地红丝、红地黄丝、紫红地褐丝、红褐地紫丝、紫地黄丝、紫地黑丝等，以黄地红丝、紫地黑丝者为佳。红丝石内丝纹多者达十多层，且纹理变幻无穷，天然形成山水草木、阳光月晕、人物鸟兽等状，瑰丽多姿，独具特色，可制作成高品位的观赏石。

▲ 红丝石

●彩石

又称齐彩石，五彩石等。临朐彩石为半玉半石质，属接触交代变质岩，形成于两亿多年前，摩氏硬度5。主要产地：山东临朐地区。

彩石质地细腻圆润，有红、黄、绿、黑、青、褐、紫、灰等颜色。构成一些天然的栩栩如生的图像。分老五彩、黑彩、白彩、水纹石、山水石、浪花石、倒影石、古画石、竹子石、杠子石、披绿石、云雾石等。

◀临朐彩石

尺　寸：22厘米×19厘米
　　　　×3厘米

●草花石

草花石属沉积岩，摩氏硬度3.5～4。主要产地：广西柳州地区。

草花石按纹理进行外形细磨加工，使天然的图案清晰可见。画面呈红、黄、棕、绿、褐、黑等色彩。石面见得较多的是植物的枝叶，如单株的花草、成片的松林等，也有如溪流瀑布、高山湖泊、海雨天风、阡陌丛林等。石画或如浓墨山水，或如写意画，或如工笔画，或如钢笔画，或似西方油画

▲ 草花石

收　　藏：刘道荣

等。草花石形成在志留纪至泥盆纪，距今约四亿七千万年。石上画面具有浓郁的中国画笔墨意趣而被称为国画石。

●彩霞石

彩霞石也叫五彩石，摩氏硬度3。主要产地：广西柳州地区。

彩霞石其质地细腻润泽，摩氏硬度稍软。石上纹理清晰，颜色丰富，艳丽明快，呈红、橙、黄、白色泽。其平行色带切割后，常表现为动物图像。垂直色带切割后，常见风光山林画面。

◀彩霞石

尺　　寸：22厘米×39厘米×16厘米

●松林石

松林石又称模树石，其由距今1亿~4亿年前的板岩变质而成。摩氏硬度4~6。主要产地：重庆涪陵等地。

松林石多为板状、片状，图纹生长在一个层面上，也有多层面的松林石，并具有立体感。松林石的树林图案是由次生的锰、铁等金属氧化物渗透于岩石层隙

▲ 松林石

收　藏：石趣园

中，沉淀凝结而成的。多呈现松树形、柏树形或树与草密集成群图案。松林石不仅耐酸性强，又不怕风吹日晒，便于收藏，观赏性也高，深受广大藏石爱好者的青睐。

●菊花石

菊花石通常指在黑色底上有白色形似花瓣组成菊花状岩石，摩氏硬度4~5。主要产地：湖南、湖北、陕西、江西等地，分布广泛。

菊花石黑白分明，白色构成千姿百态的花形，犹如盛开怒放的白菊。菊花石的"花"不是"化石"，"花"是由某种矿物组成的，呈较强的立体感。组成花瓣的矿物有红柱石、天青石、方解石、阳起石等。

◀ 菊花石

尺　寸：22厘米×35厘米×6厘米

● **牡丹石**

牡丹石为辉绿玢岩和白色斜长石混合体，其成于距今数亿年前，摩氏硬度6～7。主要产地：河南洛阳地区。

牡丹石质地细腻，墨绿的底色上嵌有朵朵白花，酷似牡丹花。白色花纹是斜长石晶体，墨绿色基质是细粒的隐晶质角闪石和黑云母等富含铁、镁质为主的矿物。牡丹石的花形秀美逼真，花瓣宽厚清晰，花姿百态多变，彰显富贵高雅。白色牡丹花分布于墨绿色或棕黄色岩石上，自然天成，有非常高的收藏价值。

▲ 牡丹石
尺　寸：高32厘米
收　藏：刘道荣

● **玫瑰石**

玫瑰石学名蔷薇辉石，化学成分为硅酸锰，摩氏硬度为5.5～6.5。主要产地：台湾地区。

玫瑰石颜色多为褐色或褐黑色，切磨后显现出玫瑰色彩和黑色交织，其颜色艳丽，不同的色彩及线条构成许多美丽画卷，出现有如画般的意境，每块玫瑰石都呈现不同山水景色。

◀ 玫瑰石
尺　寸：21厘米×20厘米
　　　　×5厘米

●紫金石

紫金石因石呈紫色间有不规则的金黄色纹理，故名紫金石。形成于距今4.5亿~5亿年的早古时代，是泥质白云质粉晶灰岩。摩氏硬度为3.5~4.5。主要产地：山东临朐等地。

紫金石质地致密嫩滑，温润如玉，色泽端庄，纹理清晰，声音清脆。色泽映紫，呈紫、褐紫、灰紫、酱紫等变化，嵌有浅黄、浅绿、绿黄、金黄、晕红等色带与色团。纹理有豆绿色圆眼，含瞳子，晕三五层，有些部位映日泛银星。磨光面显油脂光泽。

●燕子石

燕子石又名蝙蝠石，学名三叶虫化石，原石属古生代生物化石灰岩或泥灰岩。摩氏硬度4~5。主要产地：山东泰安地区。

▲ 临朐紫金石原石

山东燕子石质地细腻沉透，抚如凝脂。石片颜色多呈深绿、浅绿，间有紫褐。化石颜色微黄，凸出石面，须翅翎羽皆生动逼真，形如飞燕，状若翔蝠。石体色泽古雅，姿质温润，纹彩特异，富有天趣。

◀ 燕子石

●木鱼石

木鱼石又称凤凰蛋、禹余粮、石中黄子，属碳酸盐类岩石，形成于寒武纪，距今5.5亿～5.8亿年。摩氏硬度约5.5，密度3.6克/厘米³。主要产地：山东济南地区。

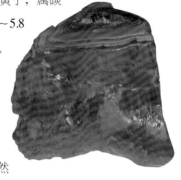

木鱼石形态各异，一般有空腔，手摇能发出动听的声响。质地坚硬细腻，常见土褐色、橙黄色、紫红色或黑色。质地细腻、纹理清晰，具备天然木质纹理。

▲ 木鱼石原石

●徐公石

徐公石属层状硅质灰岩，经长期风化浸蚀，形成了参差凹凸的自然块体。摩氏硬度约4.5，密度2.78～2.9克/厘米³。主要产地：山东沂南地区。

徐公石质地细腻、脆硬，叩之清脆如磬，颜色有蟹青、鳝黄、沉绿、绀青、橘红、黑、紫、褐等，呈多色相间，五彩缤纷。石头纹理变幻多彩，有霞辉、迷雾、云浪、水波等。徐公石具天然形态，古朴风雅，亦是令人赏心悦目的观赏石。

▲ 徐公石原石

●紫袍玉带石

贵州紫袍玉带石属绢云母千枚岩,摩氏硬度3~3.5。主要产地:贵州江口地区。

紫袍玉带石质地致密细腻,温润如玉,色彩鲜艳。以紫色为主体,绿条相间,同时伴有橘红、乳白、黄、褐等色。这些颜色平行延伸,分布均匀,似条条玉带,其表层的精美图案,形如紫袍。紫袍玉带石性质稳定,雕刻性能好,加工抛光后具有柔和的丝绢光泽,色彩俏丽动人、古朴典雅,可用于雕制成座屏、砚池、墨盒、印章等,其制作历史应早于清代。

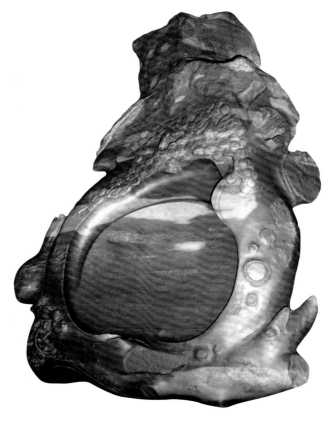

▲ 紫袍玉带砚台

尺　寸:32厘米×16厘米×5厘米

奇石

造型石的常见作伪

石头本无所谓真假，但是，奇石具有观赏、收藏、经济价值，各个石种之间又有价值高低、数量多寡的区别，因此也出现此类奇石冒充彼类奇石以牟利的现象。这类奇石造假问题，早在宋代就已产生，古人根据实践经验，曾采取过有效的检验措施。

目前奇石造假采用硫酸腐蚀、胶粘拼贴、雕刻研磨、填充、蜡染、染色等手段，真伪难辨。奇石贵在天成，对于各地奇石要熟悉其特点，特别奇巧的石头要特别当心，仔细观察，用手细摸，闻闻有没有怪味，有可能的话用水泡洗检验。奇石作假往往根据石质来确定方法，如太湖石、灵璧石等碳酸盐类奇石作假多采用粘缀、斧凿、切面、锯底、酸浸等方法；如黄河石等硅质岩或细砂岩类多采用染色、画画等方法。也就是行内人说的，造型石造假多采用"减法"，图纹色彩石则多采用"加法"。奇石主要分造型石和图案石两类，下面就它们在市场上出现的一些造假技法和识别办法做些介绍。

造型石主要看其形状，为了追求好的造型石，有人就人工打造假的造型石，前面讲了灵璧石造假就采用粘缀、斧凿等方式。造型石造假不仅有灵璧石，还有其他石种，如泥质岩、泥灰质岩、细砂岩甚至一些矿物晶体，如萤石。除了斧凿外，据说还采用高压水枪进行加工，使造型石更加逼真。

这一类奇石造假的加工大多集中在那些看形为主的造型石类，由于石形不够好，需要进行的人工"改良"以增加其价值。这些造假的奇石多为碳酸盐类岩石，比如太湖石、灵璧石、纹石及其他的石灰岩，造假内容按照传统"瘦、漏、透、皱"的审美观进行，大多加工成通透的孔洞，造型阿娜多姿。但是，它们曲线呆板，少有自然流畅的迂回曲线和自然形成的孔洞那种感觉，并且过多圆润，而缺少棱角。

造假采用雕刻、穿洞、斧凿、切面、锯底等手段就是为了改变石头形态，使用电钻、电锉、砂轮机、喷砂机等各种设备，可以任意在需要处钻洞、磨峰，使奇石更加"奇"，使它们更具观赏性，一块本来并不起眼的景观石，经过这样加工，就有凹有凸，峰峦迭起，洞谷幽深，使奇石更加增值。然后还要进行细致的砂磨，盐酸渍。为了使加工的石头更加自然，常常将其深埋土中，一两年后取出就显得"自然"了。

▲ 人工雕刻石（浮雕）

钻孔抛光

钻孔抛光就是用电钻钻出更多的孔洞，再抛光成型，以达到"石上熏烟，烟穿各洞，徐徐而出"的效果。这样人工钻出的洞，不似天然的嶙峋多变，即使再加工也比较圆，比较容易区分。

钻孔喷砂

这一类造假多针对九龙璧等奇石，因为九龙璧硬度很高，很难形成瘦、漏、透、皱的视觉效果，在石上钻孔，然后再喷砂，使石面几乎与原石一致，真有诱惑性，而且效果不难看。

粘接拼贴造假

所谓粘接拼贴，就是将多块石头用化学材料拼粘贴到一起，组合成各种形状或图案。粘接的目的往往是为了增加奇石的奇巧程度，粘缀主要用于具象石，所以观察自然景观石时就应注意石之起峰处，观察象形石时就应注意突出部分（如手、足、翅、五官等），看其是否与主体浑然一体，有否胶黏痕迹。我们还要注意一种情况，就是在奇石采挖、搬运、清理的过程中，不小心出现磕碰而导致奇石断损状况，有人就会将其粘接成一块完整的石头蒙人。

▲ 人造千层石

▲ 经过修饰的幽兰石

尺　寸：18厘米×25厘米×16厘米

现在粘贴用材料很多，早期用水泥作为粘接剂，但是水泥粘接必须要再使用染料涂盖水泥的本色，这种造假容易被识别。之后出现了环氧树脂、502、101等粘接剂，利用断伤的石头天然的石皮和肌理，痕迹很细小，辨认较难。但是，敲击粘接的石头，其声音发闷，而不会出现清脆之音。

经过打磨的石头，只要仔细观察还是比较容易发现其表面留下的人工凿磨的痕迹。辨别它们可用放大镜仔细观察石表特异之处，一是看其石表与它处有否差别，有否"暴斑"、"钻花凿印"；再看其纹理有否突然改变走向，然后看其色泽是否有微妙的浓淡深浅之变化。

一些初学者往往不能准确区分太湖石和灵璧石。的确，有的太湖石形态与灵璧石类似，叩击亦微有声，有人就将太湖石染黑冒充灵璧石。古人知道灵璧石硬度较太湖石高，检验时可以用利刃轻轻削刮石之底座，若是刮出石屑，即为假灵璧。另外，太湖石虽有白脉，但远不如灵璧石黑中映白的条纹清晰而众多，这也是分辨一法。

太湖石因有水旱之分，水石因久经波浪冲击，一般来说水石石性温润，石面嶙峋有"厴"，俗称"弹子窝"。旱石久生岸山，石面较平坦枯槁，不足贵。于是有的石商将旱石斧凿出条痕坑洞，尔后以网盛之沉入湖水中，过一二年乃至数年再捞起，以充水石出售。分辨水石、旱石，主要看石之坑洞自然与否，石肌是否圆润有光泽。

▶ 太湖石

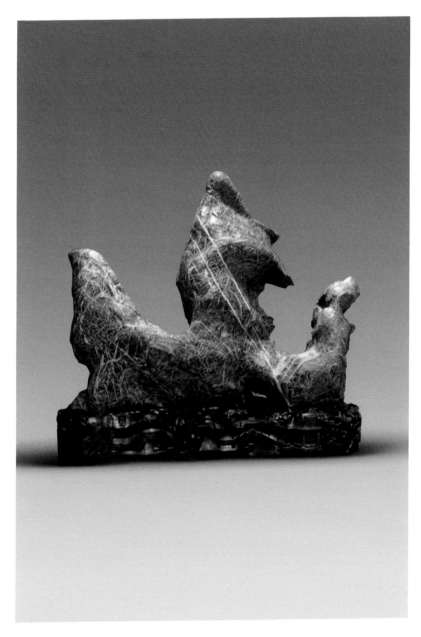

▲ 山（灵璧石）

　尺　　寸：高130厘米

　收　　藏：柴宝成

　　近年来，灵璧石有一种被称为"五彩透花白灵璧"的石头，就有人采用人工雕琢成龟、兔、牛、马和人物等造型，再用盐酸浸泡溶蚀后，恰似自然形成的石皮，欺骗爱石者。

　　现在，市场上还出现一些人造葡萄玛瑙，就是将普通玛瑙通过加工打磨而成，这种造假葡萄玛瑙比较容易区分，仔细观察能看到其表面有明显的打磨钻痕。

▲人工加工的葡萄状玛瑙

图案石的常见作伪

自然天成的图案石、文字石非常难得，也很珍贵，由此成为作假的重点。一般是采用绘画、化学褪色和染炒浸色的手法人工做成的图案石，多见的造假石多数是采用容易吸色的细砂岩。

绘画法

绘画法是一种常见的图案石造假手段，多用添加固色剂的颜料作画，多绘龙、虎、肖像等，形象逼真。这类奇石图案多数都画得太像，比较容易鉴别。还有就是补充绘图，依原颜色再部分画一下，而图面保持原色，不注意就很难发现。这类石以岫玉玉树石、大理石、五彩石等平面图案中出现较多。再者就是在天然石上局部绘画。常见的是在动物形象上加个眼睛、嘴、鼻子、胡须之类的，在风景画中加个太阳、月亮、花朵，用颜料点描，这类颜料容易擦掉。

有的造假者依据奇石表面的天然纹理，进行描绘修改或增加笔画，使之成为文字图纹石。这种加工的笔画和文字比较生硬，或太过完美，容易区分。还有一种锈蚀法，利用铁锈之红褐色制作画面，加上固定剂，制作出仿真图像，特具古朴沧桑感。

化学褪色法

所谓的化学褪色法，主要是在奇石的适当部位，通常是用强酸、强碱去掉相关金属离子的颜色，将石色褪去，制造出一个特殊图案。

采用此法的奇石多是容易去色的细砂岩。

这种造假奇石的鉴别方法很简单。这些奇石的图案，往往边沿模糊，有的可隐约看到原来的色彩和纹路，多数容易识别。常见有深色岩石褪色、滤纸浸色法、草酸的去铁法等。

染料浸色法

染料浸色也是一种常见的奇石作伪手段。如洗发水染色，首先剪出图案，贴于石面，涂上洗发水，揭去贴物，原贴物覆盖部分即留下浅色所需图案。还有背景染色，其多在黄河石石面上染色，留下没染色的浅色图案。由于这种方法不对原图案进行涂染，所以更具迷惑性。造假奇石染色还采用蜡染工艺，就是先在石头表面贴上图案后，在其周边涂上一层蜡，然后用化学药品浸泡一段时间，洗去蜡质后，在奇石无蜡部分受到腐蚀后出现人为图案，以龙、虎等图案为多。还有提油作色、草酸着色、高压压色等。

有的奇石看颜色非常鲜艳，就要小心，通常可能是用颜料染的，后涂了层漆，仔细看可以看出，花花绿绿颜色非常鲜艳。鉴定方法可以用砂纸打磨下，看内部一目了然。

烧烤熏煮染色

烧烤熏煮染色，就是在自然奇石石面上用惰性物质贴出图案，然后将石用烟火熏烧，水火蒸煮，达到人工上色处理的目的。这类造假石以造型石和画面石为多。

▲ 腊肉（肉皮为染色）

特殊石种造假

黄河石作假也时有出现，其方法是用钻孔镶嵌、化学褪色制造出不少日月石。一般在深色自然石面上，按欲想的图形凿出宽窄不等的浅槽，用无色强力胶水拌和方解石或石英等白色粉粒，充填于刻好的槽中，然后用砂轮打平、磨光，使其成为图案。造假的菊花石，其方法是人工在石面上雕刻成花朵模型后，用研磨成色的白色大理石粉末渗胶充填再打磨抛光而成的。还有一种更为常见的造假

▲人工加工图案石（木棉石）

方法，就是直接将菊花图案印在黑色石头上，辨别这种菊花石真伪不难，只要仔细观察就能区分开来。

雕刻法

还要注意一种雕刻的造假方法，造假者往往根据切磨石层间出现色层变化，采用浅浮雕手法，利用颜色变化，雕出各种肖像、动物。多利用彩霞石这类色彩鲜明、色层分明的石质来进行雕琢。很多石头花纹是加工上的，像菊花石，月亮石造假最多。像天景石，或有非常逼真动物或人物的石头都是人加工上去的。

◀人工雕刻图案石

奇石科学鉴别

目前奇石的科学鉴别在实际应用中不多，但对于一些高档的质地石，如翡翠、和田玉、寿山石、田黄等，还有部分矿物岩石，有时则必须进行科学鉴定，科学鉴定包含成分分析、硬度测试、密度测试、结构构造观察，有的还要测折光率、多色性等。鉴别奇石有时还需要研究奇石原石的形成条件和成因。

▌成分鉴别

奇石种类很多，成分也十分复杂，但还是有一定规律的，例如灵璧石、太湖石的成分多是碳酸盐物质，这种物质与酸反应强烈，这与硅质成分奇石有着极大的差异。白色灵璧石和白色石英岩有时从表面来看一时不好区分，用酸进行测试非常有效，这种方法既简单又方便。这也明显告诉我们灵璧石成分一定是碳酸盐。黄色叶蜡石和黄蜡石成分完全不同，质地、硬度也不一样，其硬度等差异也是重要鉴别证据。陨石有多种，成分有差异，分玻璃、铁质、石质陨石，陨石区分主要是成分。一般来说大江大河中奇石来源比较复杂，这是因为流域广泛，不同地区岩石类型变化很多而造成，比如长江中卵石的成分变化就大，所以鉴别时就不能以成分为唯一标准，要综合考虑。

▲ 黄河石（硅质）

收　藏：刘琳

▲ 灵璧石

尺　　寸：高46厘米

收　　藏：柴宝成

▋ 硬度鉴别

　　奇石鉴赏中人们常常提及石质好坏，总离不开奇石的硬度，一般说来，奇石硬度越高，质地就越细腻。形成奇石的三大岩类绝大多数摩氏硬度不超过7，花岗岩、硅质岩石类硬度大些，泥质岩、石灰岩硬度小些。摩氏硬度超过7的奇石很少，矿物中的金刚石、刚玉、黄玉等硬度超过7，它们形成奇石的可能性较少。过去人们区分太湖石和灵璧石时，就以硬度来区分，前者硬度略低于

▶ 硬度高的蜡石（硅质）

尺　　寸：28厘米×30厘米×20厘米

收　　藏：魏文武

后者，原因可能是灵璧石多有硅化现象。三峡石、红河石等河流奇石的石质种类不少，有硅质成分，也有石灰质成分，用硬度可以区分石质，但意义不大。总之，矿物鉴别，硬度是一项重要指数。奇石石质好坏硬度是重要指标之一。

密度鉴别

　　各种奇石密度有差异，差别大些的往往凭手感也能区分出来，这是辨别它们的一项指数，例如铁陨石密度高于石质陨石，硅质岩密度高于石灰质岩，还有新鲜岩石密度往往高于风化岩石。矿石奇石密度高于石质奇石。质地石的密度高于普通奇石的密度，如翡翠、和田玉密度高于黄蜡石、三峡石等。密度是鉴别矿物不可缺少的主要数据。其实奇石石质好、致密而光润往往硬度较大，密度较高。

▲ 密度较大的碧玉山流水

尺　　寸：34厘米×30厘米×12厘米

成因鉴别

指奇石形成原因，如太湖石、灵璧石原石是沉积岩，经历数年河流湖泊冲洗，风吹日晒的侵蚀而形成，陨石来自天外，火山蛋形成与岩浆有关，它们具有一定特殊结构。陨石表面铺满熔蚀坑、孔，火山蛋为熔浆喷发旋转而成，有旋转痕迹，这都反映了它们自身的成因，为此也成为鉴别的指标。可以通过奇石本身多种因素研究其成因，也可以用奇石成因辨别奇石类型。大漠奇石有戈壁风化侵蚀特征，风棱石棱角分明，造型怪异硬朗。摩尔石来自河流，表面光洁圆滑、线条流畅舒展，表现河流冲洗特征。雨花石的圆润色艳绝对不同于大漠玛瑙。

▲ 风棱石
尺　寸：28厘米×29厘米×22厘米
收　藏：孟庆彪

奇石

淘宝实战篇

奇石的鉴赏

奇石淘宝，我们首先需要认识奇石和鉴赏奇石，也就是说我们要了解什么样的奇石好，什么样的奇石有收藏价值。一般说来，奇石的鉴赏要从以下几方面入手。

质地鉴赏

质地是指奇石的石质或成因，是鉴赏奇石的重要因素。奇石的石质根据成因分火山岩质、沉积岩质、变质岩质、陨石质、风成质、水冲质等；根据成分分硅质、石灰质、泥质等。石质包括硬度、密度、韧度、质感、光泽甚至润度等因素。其中，硬度是决定石质优劣的关键。

摩氏硬度是指矿物抵抗某种外来机械作用特别是刻画作用的能力，硬度测试有绝对硬度和相对硬度之分。绝对硬度要精密仪器来检测，摩氏硬度是相对硬度。奇石的硬度不需太精确，通常采用摩氏硬度计来测定奇石硬度。摩氏硬度标准分为十个等级，以十种矿物来代表不同硬度等级，从软到硬分别是滑石、石膏、方解石、萤石、磷灰石、长石、石英、黄玉、刚玉、金刚石。

奇石应该有适当的硬度，石质过软，容易脆碎、风化、质地疏松多孔，给人一种糟朽的感觉；石质过硬也有缺点，硬度过高往往导致情调欠缺，与雅致的气息背道而驰，难以达到百看不厌的境地。所以，奇石的摩氏硬度应当至少在4以上，以不超过7为宜。硬度适当，就有了一种重量感，凝结度也高，显得细腻坚挺，光泽感也强。例如玛瑙的摩氏硬度为7左右，密度适中，韧度高，不易碎裂，质感，光泽都不错，而且还要有一定润度，手感极佳。为此玛瑙可以成为雨花石、风棱石、沙漠漆等。而石灰质的灵璧石，有一定硅化，使其石质变得非常优越，摩氏硬度在6左右，石质致密均匀，有分量感与温润感。碳酸盐类奇石的质地在自然界中容易受到风化，这为造型石的形成提供了很好的天然条件。太湖石、灵璧石都属此类奇石。和田玉、翡翠摩氏硬度都为6.5～7，致密而温润，韧度极佳，是世上最佳的石质。而一些形成时代相对年轻的岩石，如新生代的泥质岩、页岩等，硬度多低于4，而且结构稀疏，容易破碎，所以很难形成高档漂亮的奇石。

另外，有些岩石结晶粗大，因为各个晶面对光线的漫反射，质感很差，使人感到不光滑，不干净，为此，其观赏价值就低。

▲ 质地较差的碳酸盐岩石

▶ 质地好的和田玉青玉

对于卵石来说，也是如此。有些卵石的石质含有玛瑙质，坚硬致密，就显得光洁可爱。而大多数卵石，是灰岩、砂岩、变质岩，石质比较粗糙。这样的卵石质地，不但不能为造型纹理图案增色，而且往往还要减色，其差别较易分辨。

色彩鉴赏

各个石种对于色彩都有不同的要求。昆石、钟乳石以晶莹、雪白为上，黄蜡石以纯黄凝冻为上，太湖石以青白为上，崂山绿石以墨绿为上，灵璧石、博山文石以玄黑为上，墨湖石以油黑光润为上；卵石类中也有很多属于色彩石。色泽单纯或多重色彩巧妙搭配均可能归入上品，唯色调不清晰、搭配混乱者不入流。

一般来说，具象石类与抽象石类的色彩以沉厚古朴的深色系列为佳。尤其是景观石，因受传统山水水墨画的影响，一向重视意境的营造，为求景观的悠远深邃，崇尚深色系列。如黝黑、墨绿、褐色、紫色、深红等。最忌颜色的混浊不清和刺激性的"俏"色。

▶ 质地好的红蜡石

尺　寸：50厘米×20厘米
　　　　　×20厘米

以上所说只是一般原则，不能一概而论。比如，有的白灵璧色泽莹白，玉洁冰清，加上造型等其他条件配合得好，自然也可能成为上品。崂山绿石中呈景观形态的，尽管绿白相间，倘若搭配恰到好处，也有极品出现。

图案鉴赏

图案就是指奇石表面的花纹。对于图案石来说，纹理是否美观耐看，是评价的首要因素。对于其他的奇石，纹理搭配恰当与否也很重要。

岩石上的纹理主要是在成岩时期原生的，或岩石受矿液浸染而成。其次是岩石后期风化，以至形成各种花纹。如广西红河石，原岩是浅灰色细砂岩，破碎后被红色氧化铁浸染胶结，经风化使底色土黄，有的就显出了黄地红纹。再有，岩石中若灌入了方解石或石英的细脉，也会形成白色的条纹。自然景观石中的瀑布图案，可能就是这样形成的。

对比度鉴赏

奇石的对比度是一项评价重要指标，对比度往往是指图案石上图案颜色或石质颜色对比程度，对比度高的图案就更加清晰，奇石就更有价值。一些奇石对比度较差，人们往往采用油蜡来浸抹，使其图形更清晰。

造型鉴赏

指奇石的形状，这是具象类奇石与抽象类奇石首先要评价的内容。

"皱、瘦、漏、透、丑、秀、奇"是评价太湖石、灵璧石、英石、墨湖石及其他类似石种的外形的重要因素。凡以上七要素皆备，其造型必美。

皱，石肌表面波浪起伏，变化有致，有褶有曲，带有历尽沧桑的风霜感。

石肌是指奇石的表面肌肤。具有一定硬度的石头，露于地表经受风吹雨打，或在河床中长年经水流冲击，表皮较软部分会自然剥脱成石肌，同时较硬部分历经冲刷，也会变得圆润。一般来讲，石肌具油脂光泽、金刚光泽者为上，玻璃光泽、金属光泽者次之，无光泽者最差。赏石者常说的"润"、"温润"，主要指光泽性好。没有光泽的石头显得比较干燥，表面总像蒙着一层灰尘，不理想。早在宋代，赵希鹄在《洞天清禄》中就指出：石以"色润者可爱，枯燥者不足贵也"。

天然形成的石肌，最能表现典雅的古朴美。奇石石肌大多有纹路条痕的起伏变化，"皱"的含义之一即指此。常见的有胡桃纹、蜜枣纹、宝剑痕、乳丁、米点、蜂巢、金星、玉脉等。有的石种，比如博山文石，其石面显出的皱纹，类似于中国山水画的技法"皴法"，更正确地说，是画家仔细观察了山石的皱纹后，创造了"皴法"。借用国画技法术语，奇石石肌的皱纹大致有斧劈皴、披麻皴、卷云皴、折带皴等。奇石，特别是自然景观石，有光泽又带有皴皱，显得既精神又古朴美观，这样的石肌最为理想。

瘦，形体应避免臃肿，骨架应坚实又能阿娜多姿，轮廓清晰明了。

漏，在起伏的曲线中，凹凸明显，似有洞穴，富有深意。

透，空灵剔透，玲珑可人，以有大小不等的穿洞为标志，能显示出背景的无垠，令人遐想。

丑，较为抽象的概念，全在于选石、赏石时自己领悟，"化腐朽为神奇"。庄子在战国时代即提出把美、丑、怪合于一辙的"正美"，以图"道通为一"。后世苏东坡、郑板桥又提出了"丑石观"。其意义在于，千万不要以欣赏美女的情调来赏石，要超凡脱俗。

秀，与"丑"看似矛盾，实为对立统一。强调的是鲜明生动，灵秀飘逸，雅致可人，避免蛮横霸气。

奇，造型奇，为同类石种中少见，让人过目不忘，其形状个性极其独特。

灵璧石、英石、博山文石、红河石及其他许多石种都有自然景观石。上品自然景观石还应符合下列两个条件：雄与稳。

雄，指气势不凡，或雄浑壮观，或挺拔有力。

稳，前后左右上下的比例匀称，有着某些景观自然天成的状态。同时，底座要稳定，安如泰山，不能给人一种不安定感觉。奇石尽量不要人为地切割或打磨底部，以免破坏其原生形态。

各个石种都有抽象石，且所占比例很高。评价它们的造型是否优美，太湖石等是以"七要素"来品评的，而有些石种，如红河石、河洛石、黄河石、回江石等，则以其点、线、面的结合是否完满来评价。在抽象石中，往往有一处是注目的焦点，此点的延伸，

▶ 灵璧石的"瘦"

尺　寸：高50厘米
收　藏：于明学

便是线，定向延伸是直线，变向延伸是曲线。奇石是一种三维空间形象的艺术品。在三维空间中，线是面的边界线。在三维空间中，形是面构成的体，线则附于形体的边界而变化。当点、线、面构成的抽象石形体表现得流畅，或显得静穆，或显得富有动感时，便具有美感。至于其高下，则应就一块具体的石头进行评价。

完整度鉴赏

指奇石的整体造型是否完美，花纹图案是否完整，有没有多余或缺失的部分，以及色彩搭配是否合理，石肌、石肤是否自然完整，有没有破绽。

奇石一般不允许切割加工，须尽量保持它天然的体态，如有人为雕琢

▲ 灵璧石的"皱"

尺　寸：高120厘米
收　藏：柴宝成

造型或修饰者，则属于石雕艺术。有的赏石家要求极为严格，连切底行为也不允许，认为底部的安定只能由底座来加以调节。不过，一些石种，比如英石，若不切底，就无法取材。所以切底行为不能一概而论。

在评价一块奇石之前，先要从上下、前后、左右仔细端详它的完整度，若有明显缺陷，则应弃而不取。特别要注意有否断损；有的供石断损后进行黏合，则在黏合处留有痕迹。

形态鉴赏

　　奇石要求形态美，形态美就是轮廓线与面的美。"线宜曲不宜直，面宜凸不宜平"是奇石形态的审美标准并且是赏评每一块奇石不可缺少的主要标准。线与面的结合，适应于对千姿百态的奇石形体的艺术审美。

　　"线宜曲不宜直"的线是奇石形态中面的轮廓线。

　　曲，是奇石形态轮廓线条以曲为美。线曲，奇石形态才有起伏、变化，才有动感和灵性。"线宜曲不宜直"的直，是线条僵硬与整体线条不和谐，让人看去不自然、不美。"线宜曲不宜直"并不是不要直，所要的直是直从曲中来，是曲中寓直的直。直则有力，有力则刚。直与曲的结合则刚柔相济、阴阳合一极。

　　凸，是奇石形态中面的立体效果的体现。面凸，奇石形体才含蓄、丰满、浑厚、凝重，立体感才强。凸面的轮廓线主视、俯视、侧视皆成曲线为美，线条和起伏变化参差，越丰富越美。

水洗度鉴赏

　　水洗度指奇石在江河中被水冲刷的程度。一般说来，奇石质地坚硬，抗水冲击的能力就强，这样质地坚硬的奇石在江河中被冲洗的程度就高，使得其表面就更加光滑。这样的奇石的观赏性、把玩性就更高。这也是评判奇石的一个标准。

▶水洗度较高的乌江石

　　尺　　寸：28厘米×32厘米
　　　　　　　　×29厘米
　　收　　藏：魏文武

奇石的选购

奇石选购主要是个人喜好，有时不经意之间就会遇见自己喜欢的奇石，甚至发现具有一定价值的宝贝，但是多数情况下选购奇石还是颇费周折的。

奇石选购要因人而异，根据自己的财力、喜好、环境来选择，财力雄厚的可以选购块度大、价值高、造型美、稀少的奇石，如天津奇石收藏大家柴宝成先生主要收藏块度大，而造型挺拔雄伟的灵璧石，并建立了供人参观的奇石园区和奇石馆。生长在红水河边的收藏者近水楼台，他们多收藏红水河产的大化石等名贵石种。一般人家可以买些花钱不多的小品，收藏过程中努力去发现具有稀奇表现的奇石，也许能淘来具有增值潜力的奇石。

奇石种类很多，系统选购收藏有一定困难，人们尽量选择有收藏价值的奇石。也可以专门选购一类奇石，如灵璧石、大理石、菊花石、三峡石、红水河石等。只要财力允许，一般人们往往见到喜欢的奇石就购买，不是专业奇石收藏家也无所谓，自己喜欢就好。但是如所处的地区特产某种奇石，人们还是收藏当地的奇石更方便些，因地制宜更具特色。

造型石选购

造型石种类很多，灵璧石、太湖石等碳酸盐类奇石多见，还有来宾石、风棱石等，造型石的"皱、瘦、漏、透、丑、秀、奇"是选购的重要因素。凡以上七要素皆备，其造型必美。其实，多数情况下，一块造型石不会涵盖所有要素，但其具有一定特点就有观赏收藏价值。当然石体不能出现损伤，要求整体完美无缺。块度大小应适中。

色彩石选购

　　色彩石主要在于色彩。要求奇石的颜色鲜艳丰富、搭配协调美丽，对比度适中的选购是最重要的。色泽单纯或多重色彩巧妙搭配均可能归入上品。唯色调不清晰、搭配混乱者不入流就不宜选购收藏。

▲ 英石
尺　　寸：高25厘米
成 交 价：3.63万元

选购它们要注意其各种色彩搭配或色彩对比鲜明、或色彩艳丽的特征。要注意选择色彩艳丽，引人眼球的色彩石收藏。色彩石的颜色可以是在成岩初期原生的或岩石受浸染形成的，也可以是后期风化形成的。要求颜色炫目且保存长久。色彩石颜色必须是天然的，人工染色的石体将失去收藏意义。

◀ 新疆彩玉
尺　　寸：15厘米×13厘米×5厘米

图纹石选购

图案精美清晰，纹理流畅多变，意境深远方为佳品。具象石的图案一定要有惟妙惟肖的形象，鲜明的对比度，完整的画面等。这都是选购应该注意的。

图纹必须自然天成，不得有任何人为痕迹。目前市场上图纹石造假现象严重，我们要注意区分。它们以具有清晰美丽的纹理或层理、裂隙、平面图案为特色。收藏者往往追求其神似，注意它所表现出的内涵和意境。图纹石上的纹理通常是在成岩时期原生的或岩石受矿液浸染形成的，其次是岩石后期风化形成的各种花纹。图纹石的花纹图案可以酷似人物、动物、花鸟虫草、山水故事等，也可以是抽象的图案，但构图要简练自然、传神。图纹石外表多需要打磨，多数切磨石也是图纹石，通过打磨表现图纹已为人们接受，但是图纹一定要是自然形成的，不能有任何人工痕迹。例如，利用一些奇石层理色泽的变化，磨出凹凸不平的画面，酷似人物、动物或山川水流等景象，这种画面是人为刻磨出的，其就不具有收藏价值。

▲ 金海石

尺　　寸：24厘米×22厘米×9厘米

收　　藏：朱英凯

质地石选购

质地石重点就是奇石的石质，要选择细腻温润的石品，能显油脂光泽最佳。这类奇石讲究质地圆润细腻，也讲究色彩和图纹，有的还表现出不同凡响的奇异造型。质地石要求油性好、石质坚、色彩艳、通透晶莹。如黄蜡石色调黄中凝重，质地光滑细腻最好。

▲ 潮州五彩冻蜡

特殊奇石选购

陨石就是特殊奇石，陨石以石—铁陨石的价值最高，因其特别稀有，其次为铁陨石，常见石陨石，占陨石总量的90%以上，其价值较低。评价陨石要区分"陨落陨石"或"寻获陨石"。前者知道陨石的陨落时间、地点和陨落时当时伴生现象，研究意义较大，故其价值亦高；后者陨石的研究意义、收藏价值和商业价值均不及陨落陨石。另外要考虑陨石保存特有结构的程度、造型和大小等。

▲ 海南陨石

　　火山蛋也是特殊奇石，普通火山蛋价值意义远不及有具体喷发时间、地点、喷发情景等记载内容的火山喷发遗留下来的火山蛋。当然火山蛋的造型、块度、结构、类型、质地都是非常重要的评价标准。

矿物晶体选购

　　注意选择收藏奇异的、漂亮的、珍稀的矿物晶体。要选购晶体或晶簇完美、完整的矿物，最好是造型、色泽俊美的晶体、晶簇。选购矿物晶体，尤其是晶簇，一定是天然的，不能是人工粘接拼合的晶体或晶簇。矿物晶体一旦打磨其价值就会大大降低。

▲ 伟晶岩　石英与绿柱石巨晶

▲ 电气石（碧玺晶体）

奇石的采集

奇石可以通过市场交易得到，但是一些有兴趣也有经验的奇石收藏者更愿意到高山或河流中采集奇石，当觅到一块有价值的奇石是多么令人兴奋的事情呀！这是一项高尚而有意义的活动，它让你广泛接触大自然，尽情享受山河湖海慷慨的馈赠；它让你以石会友、切磋石艺、广泛交流。更重要的是，采石本身就是一种创作，更是自我意念的表现，当你经历愈广，见识愈多，所得愈广，所获愈丰时，你的奇石鉴赏力也将大为提高。

山石的采集

当水溶或山成奇石原石被自然环境的力量破碎到一定块度后，再经风化或地下水的长时期溶蚀，有的就能形成可供观赏的奇石。它形成后多在原地保存，并被泥沙埋藏起来，这才能保证不被风化破坏。

● 山石采集地

要寻找山成或水溶石类奇石，首先应了解所采集的石种分布位置和石脉走向，范围

▲翡翠场口露天挖掘、挑石和运输

▲ 采石巷道

▲ 采石坑口

路线也应大致确定。然后到山坡上有形成和保存条件的地段去找，有时在新滑坡处或新修公路附近更易找到所采集的奇石。

● 山石采集方法

采集山成或水溶奇石绝不能采用爆炸方法，主要采用挖掘的方法，其好处一是可以保存原石的完整性，二是不会破坏自然景观。当然裸露外表的石头较易挖掘，用简单的挖掘工具就能采石，而深藏地底的奇石则很费事，多需要齐整的装备及较强的人力才能采石。有的石种还需要大型工具或机械设备才能采取，如运用挖掘机以及钢锯、斧凿等机械时，在采石过程中应更加谨慎小心，尽量避免破坏奇石的完好性。产自西部大块的风砺石或风棱石就需要用大型设备才能挖掘，有的灵璧石采集也需要大型挖掘设备。首先不能违反当地政府有关水土保护的条例，尽量减少采集后对当地自然景观的影响，其次是弄清采集奇石的位置、部位、角度等基本情况，减少对环境景观和采集奇石的损伤是最基本的要求。

雪山冰川采石

雪山冰川采石应沿消融的谷地进行，比较容易发现造型奇特或色彩图案美丽的奇石。这是因为冰川断裂后顺坡下滑，由于冰川滑动产生的巨大力量带动山石滚动将山坡地刨成冰谷，这个过程也是冰川山石逐渐滚圆磨光，进而将山石内在纹理色彩表现出来的过程，使其变成有观赏价值的奇石。

戈壁沙漠采石

戈壁沙漠也常有价值很高的奇石，尤其是玛瑙、碧玉质的奇石，一旦发现玛瑙质奇石时，要注意周边地区可能成堆成片集中分布，这是因为玛瑙形成与火山有关，其原岩围岩多为铁镁基性岩类，容易风化，而玛瑙不易风化，所以其风化后分布也比较集中，没有大的雨水

1

▲ 戈壁采石

或洪水，这些玛瑙石不会被搬运太远，但在戈壁荒原上强劲的风沙雪雨和高温严寒条件下，这些玛瑙石将从围岩中裸露出来，本身变得圆滑而美丽。如内蒙古玛瑙湖中的玛瑙就是这样产生的。

江河石的采集

河流是采石的最好场地之一，许多奇石种类都来自河流中，而不同的河流地段，所存石头的造型差异很大。往往河水上游落差较大，水流湍急，再者上游石系刚从母岩分裂出来不久，原石滚磨时间较短，所以这里多形成多边多角、几何形、岩性强烈的奇石，有的奇石的石表显得过于粗糙，如许多水成石类奇石。中游奇石在被水流冲运的过程中，石块间更多互相碰撞摩擦，棱角磨得较为滚圆，石肌纹理显示得也比较理想，是江河石采集的最佳地段。下游石因长久的冲滚磨炼，大部分形成圆形或椭圆形，有的已形成沙砾。也有块度较小而圆浑、纹理清晰的卵石佳品存在。

● 江河石采集地

大部分江河石采自于河滩江边，如长江、黄河都是在河漫滩采集奇石的。有时需蹚着浅水慢慢寻觅。有的小河一到枯水季节就半干枯了，这时就可沿着河床裸露底部采集。有的地方在暴雨冲刷后更能觅得奇石，因为翻滚的江水可使原藏于河中卵石翻出后被冲向岸边，洗净后方能露出真容。在小河中觅石要逆水而行，从下游往上游蹚水而行觅石可避免河水混浊影响视线。

有的江河石产于河床，须等水位降至一定部位才能发现。比如产于红水河的大化石，据说这里的河床分为三层，其中以第二层为采集对象，只有到每年十一、十二月份水位下降，人们才有可能寻觅到那些潜伏于水面之下的美石。

● 江河石采集方法

江河石以手捡为主，半埋于河底的石块可用小锹小铲作工具。有的河床石则需用撬、拽、掘的方法。借用的工具有杆棒、绳子、铲子等。运作时一定要注意不要伤及石肤。

▲ 河水奇石采集

一些长年藏于水下的河床石，还需要穿潜水衣进行水下采石作业，为得到一方佳石可谓历经千辛万苦，但是寻得佳石的那种意外的满足感，定会令你难以忘怀。

湖泊中的奇石采集多是在水下进行，需要采石人潜在水下清理掩盖奇石的淤泥，捆绑好绳索才能将奇石打捞出水，如太湖石等就是来自湖水之中。湖水中的奇石多是无根的，要认真清理周围泥土，采集时不要损伤其表面。

▶ 海边奇石采集

奇石的后期处理

▍奇石清洗

新采得的奇石往往需要进行表面处理。江湖石、海石的整治相对简单些。一般只需用清水浸泡数小时，再用棕刷或丝瓜筋将其青苔、水垢刷洗掉即可。如掺杂有海藻、贝类等附着物，可使用1：5的稀释冰醋酸浸泡，半天至一天后，即行脱落，然后再反复用清水冲刷漂洗，直到满意为止。

常见有草酸清洗，多用于水石清洗，如长江石、汉江石等。因水里产生的附着物多为碱性，采用酸化比较有效。具体做法是，先把石头浸泡在3%～5%的草酸溶液中，3～4小时便可见石表大部分附着物自行脱落。然后再用清水浸泡1小时，最后用清水边冲边用毛刷或钢丝球洗净即可。还有采用丙酮清洗，丙酮是一种化工原料，去污力很强，对那些裸露地表多年的石头，如戈壁石等尤为适合。先用药棉沾擦，干布擦净即可，不用清水冲洗。也见用皮革清洗剂清洗的，用这种清洗剂清洗，简单易行，只需擦拭便可。缺点是

▶松花石

费用有点高。喷砂清洗，主要对所谓"漏"、"透"、"皱"的石，表面凹凸不平且附着物又特牢固的，用清洗剂难以奏效。例如松花石外表凹凸起伏，常规方法难以清洗，既把松花石缝隙里的泥土清理干净，又不伤石表，就是待石头外表用水清理后，采取喷砂的方式把隐藏在缝隙里的泥土喷干净，就使包裹在泥土里的天然纹理显露出来了。用喷砂清洗比较有效，但注意不要过度，以免损害石的表皮。干洗法就是用0号水砂纸手工轻擦石表，或用软质磨片，如毛毡磨片、布磨片等，用角磨机机械轻磨，注意不要用力过猛，以免伤石。此法亦可用于石的抛光。

▎昆石和博山文石的整理

这里还介绍一下昆石和博山文石的清理整治，这对奇石后期处理具有特殊意义，也有普遍意义。

昆石开采出来时，往往周身都包裹着红泥土，此时万不可急躁莽动，强行敲打，这样容易造成昆石断裂损伤。最好方法是在昆石采出后，先曝晒一星期左右，使其山泥干硬，然后浸入水中，这样山泥就能成块剥落，然后再用清水细致冲刷。冲刷时应注意剔除石头间隙中的杂质，直至山泥杂质清洗干净为止。冲洗干净后最好用海棠花汁敷于石表，这样可使其黄渍去净，最后再将昆石放入清水中，浸泡半个月，将内含杂

▶ 昆石

收　藏：张经济

质成分漂清干净后，就可取出晾干配座。

　　博山文石新出土时，其表面也沾满了泥浆、附着物，可先用钢丝刷顺其纹路，粗刷一遍，然后用稀释盐酸冲刷表面，再用清水冲洗干净。切记不可用浓盐酸，盐酸浓度比例过高，也会破坏石头表面的皱纹。皱纹一旦被破坏，奇石的价值也就大为降低。博山文石石表若有黄色钙质附着物，必须清除干净，当然不能锤凿斧劈，也不能人工砂磨，这样会破坏其表面的自然纹理，损坏了石头的完整性，也就破坏了奇石的观赏性。如黄色附着物一时难以剔除，就将其置于露天，日晒雨淋，风吹露浸，时间一久，它也会风化。再经人工稍加剔除，就会显示出其质朴无华、反璞归真的自然造型。

▲ 风棱石
　　尺　　寸：10厘米×13厘米×7厘米
　　收　　藏：刘道荣

▲ 钟乳石

奇石的保养

目前，奇石保养主要采用水养法、蜡养法、油养法和手养法等。我们应该注意，不同的奇石种类，养护方法也不同，这与它们质地、结构都有关系。碳酸盐类造型奇石类多采用水养法，硅质奇石类则多采用油养法或蜡养法。

水养法

任何一种灵璧石都需要保养，要定期进行清洁和水养，尤其是定期用净水浸润，不仅有利于保持石头的生气，还有利于保持灵璧石独特的青铜之音。太湖石保养也一样，要定期进行清洁和水养，定期用净水浸润非常重要，有利于保持石头的生气。昆石性喜湿润、洁净，因赏玩时易得尘烟，人们常以玻璃罩住，最好在玻璃罩中放置一杯清水，保持其湿润，避免出现干裂。

新采集来的奇石，其外表必须用清水冲洗干净，但切不可人工打

▶内蒙古沙漠玫瑰

尺　寸：15厘米×12厘米×6厘米
收　藏：刘道荣

磨。有的奇石可以直接进入室内收藏、陈列，有的则需要在室外供养一年半载，应该每日都要用清水喷淋一两次，这样处理后奇石变得古朴自然了。为了让石体风化度较均匀，30~40天应给奇石翻一次身。

蜡养法

保养奇石较常见，上蜡既能使纹理图案清晰，又能使石头更加温润，强化石头的天然之美。上蜡方式主要有两种。一是采用液体石蜡直接在奇石表面涂抹即可，此法方便快捷成本低，但蜡层易挥发，需经常涂抹，且木座及摆放之桌易沾染蜡液，令观感欠佳。二是采用固体石蜡保养，上蜡之前要先将石头清洗干净，再把石头加热。加热方法是，体量小的可放在锅里煮沸，体量大的可放在蒸汽锅里蒸，也可放在铁板上用火烤，夏天

▲ 竹叶石
尺　　寸：30厘米×42厘米
收　　藏：刘道荣

可放在烈日下暴晒。火烤、日晒时应注意石头表面加热均匀。水煮、汽蒸法要注意离开热源后，待石头表面水干才可上蜡。用一块固体石蜡接触热的石头表面，石蜡熔化即可在石头表面涂上一层石蜡，石头冷却，熔化的石蜡也凝固了，上蜡便完成了。上蜡时的石头温度以能使石蜡熔化为准（烫手即可），温度过低蜡液不易渗入，冷却后表面起皱，所以温度宜高不宜低。涂蜡量以冷却过程中蜡液能全部被石头表面吸收为准。若发现涂蜡过多，应在冷却之前用干布擦去过多的蜡液；若冷却后才发现涂蜡过多，则要加热去蜡，然后重新上蜡。蜡养的石头一般要求硬度在4~5度以上，低于这个硬度的石头石质疏松，表面粗糙，吸蜡后颜色易变得黯沉。吸附性强的石头也不宜上蜡。

油养法

也是比较常见的一种方法，为了养护奇石，人们多在奇石表面涂上茶籽油、白油、凡士林等，然后用绒布轻抹轻拭，用以保持奇石的光泽，避免石肤风化。但是要特别注意的是，过多的油会堵塞石头的毛细孔，使石头不能显示出它的老气或沧桑感，虽然短时间内可能使石体的质地、色感更为显露突出，但既延缓了石头的"老化"，又可能使石体的光泽产生一种造作感。另外，过重的油还会产生反潮现象，使石体表面变得一片灰白，遮掩了石头的本真面目。因此，"油养"要掌握好技巧和尺度，而且这种养护方式并不适宜所有的奇石，

▲ 迎客松（风棱石）

尺　　寸：5厘米×6厘米×4厘米

收　　藏：李伊阳

不宜提倡。对一些水冲石如大化石、三江石、乌江石等石种的养护就采用油养法。

　　具体操作方法是：先将奇石表面洗刷干净后，吹干或自然干。有时还可用开水烫洗一下，这样可以加深其吸油的程度。然后，涂上较厚的凡士林，用塑料薄膜包裹起来保养15～30天。保养够时间后，用干净棉布反复擦净奇石上的凡士林。最后用白油涂在奇石上，拿棉布再反复擦拭，直到效果满意为止。

▲ 鸳鸯戏水（拒马石）

此时的奇石表皮会给人以更加亮丽，玉透的感觉，如放于厅堂再配上射灯，便有瓷器般的效果。在大约保养1～2个月时间后还要重复进行，从而达到系统养护奇石的目的。切记不能用菜油、花生油、机油来养石，因为，这些油料会使奇石变色变味，招灰尘结痂，直接影响奇石的价值。

手养法

　　适用于小件奇石。就是经常用手把玩、抚摩，石头吸收人体毛孔排出的油脂，天长日久，石体会发出成熟的光泽。这种光润可人的石表现象，行话为包浆，包浆越凝重越好，既体现了收藏者对奇石的爱护，也为奇石的自身增色、增值。

淘宝实例

▎ "悟空出世" 奇石

数年前，天津于先生淘来一批风棱石，其中一块内蒙古风棱石粗看其凹凸不平的黄褐色画面并不起眼，通过长期仔细端详突然发现石表上藏有玄机，一幅活生生的画面骤然显现，仿佛是齐天大圣孙悟空被压在五指山下五百年后，在唐僧帮助下挣脱巨石腾空而出的情景，画面右侧图纹似悟空腾起飞天之势惟妙惟肖，左侧有镇压悟空坍塌的坑洞，和挣脱后掀起的巨石飞溅的情景。这块奇石真是越看越有意思，极具玩赏价值。奇石美在自然，妙在天成。这块奇石包容了天成的神韵、凝固的历史、无穷的奥秘，这是大自然创造出的一首无声的诗，一幅立体的画。

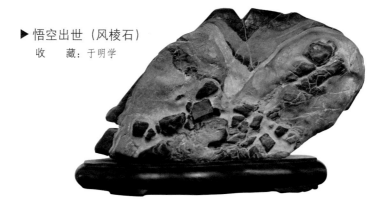

▶ 悟空出世（风棱石）
　　收　藏：于明学

"中国版图"奇石

　　一天，笔者途经天津蓟县的一处主要出售大型景观叠层石的卖场，卖场内堆满了大大小小各种造型的叠层石，在奇石之间观看半天也没有相中的石品，石场老板过来给我们介绍他认为不错的石品。不经意间来到他临时的居所，地上摆满了各种各样的小型叠层石，笔者突然看见一块高不过10厘米，宽不过12厘米的叠层石，造型酷似我国版图形状，更有意思的是，这块"中国版图"奇石的东北方向出现突起部分，好像是大小兴安岭的山峰，西南方向也有部分突起，好像是青藏高原，中间部分是平坦的低洼部分，好像是松辽平原、华北平原。这块奇石整体造型完好。经过与老板协商，笔者得以用很低的价钱收购，开心之情溢于言表。你可知道，立体的"中国版图"奇石是很难寻觅的。时隔数年，又路过这个石场，老板还认识我，他要求用10倍价钱回购，被我婉拒。

▶ 中国版图（蓟县叠层石）

尺　　寸：12厘米×10厘米
　　　　　×3厘米
收　　藏：刘道荣

"小鸡出壳"奇石

▲ 小鸡出壳（玛瑙）

　　"小鸡出壳"是一块玛瑙石，大小约3厘米×2.5厘米，重量92克。外形酷似一只色泽淡黄毛茸茸的小鸡，向外伸头张望，欲从蛋壳中破口而出，其形象逼真，色泽艳丽，仿佛是一座精美的"鸡雏出壳"的雕琢艺术品。细部观察发现其细嫩的小红嘴，向外张望的双眼，湿漉漉的鸡头，毛茸茸的一小半身躯，以及色泽逼真、外表圆润的大半个蛋壳给人许多遐想，其向外张望传神的双眼中，似乎是它惊异地发现外面世界的精彩。真的，很难想象它是一块天然的玛瑙石在大自然风沙磨砺下自然天成之作，精妙无比。该石产自内蒙古巴彦卓尔乌拉特草原的玛瑙湖中。

　　这块奇石曾为北京张先生收藏，1993年前后，笔者有幸看过一次。当时人们还不十分认可奇石，张先生从内蒙古运回许多玛瑙湖产的奇石，大约几千块吧，还准备以30万元低价出售这些奇石，但不包括这块"小鸡出壳"奇石。因我们没有看好奇石的发展前景，也就没有购买。据说2005年，这块"小鸡出壳"奇石以500万元价钱转让北京朝阳区政府收藏。据说，现在这块奇石价值1.3亿元人民币，可谓是世界上最昂贵的奇石了。

"观沧海"奇石

　　央视节目中曾介绍一位石友，1997年的一天在潘家园市场发现了一块不起眼的灵璧石，只花了几百块钱就买到了。根据其石型和图纹自己起了一个"观沧海"的名字。这块灵璧石高48厘米、宽30厘米、厚8厘米，重量24千克左右。石色主要为黑色，石头下部黑白相间，弯曲的纹理有大海波涛澎湃之势。石头中部是白色背景，有一个黑色图案，仿佛就像一人站在悬崖上观沧海的画卷。这块奇石的图纹形象非常美，意境也很好。而且它确实是没有一点人为加工的痕迹。最终，专家鉴定团估价4.8万人民币。

▌"黑妞"奇石

尽管雨花石粒度不大，但其质地细腻圆润、图纹精美妙成、色彩丰富艳丽，历来都特别讨人喜欢。现在精品雨花石的升值幅度十分惊人。中国长春首届奇石、古玩艺术品展示交易会上，一块名为"黑妞"的奇石，长约15厘米，宽约10厘米的白底石面上有一块黑色的雨花石，小女孩的图案清晰可见，十分逼真。鉴赏家评估"黑妞"价值达36万元。如今，追逐雨花石的收藏者大增，据称每年雨花石交易达数千万元。

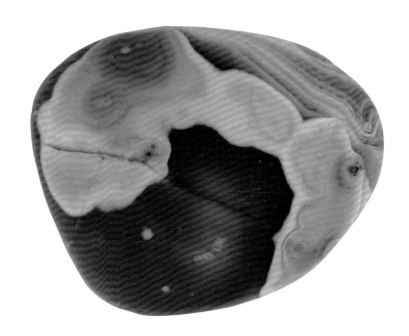

▲ 雨花石

尺　　寸：2厘米×1.5厘米×1厘米

收　　藏：刘道荣

"肉石"奇石

台北故宫珍藏一块肉石堪称镇馆之宝。大陆河源奇石收藏家张先生也收藏有一块肉石，重3.5千克，长20厘米，宽10厘米，厚8厘米，该石是一块纯天然的永安冻蜡石，色彩纹理全由大自然的鬼斧神工形成，此肉石，皮、肥肉、瘦肉清晰可见，层次分明，是当今世上唯一可与台北故宫博物馆收藏的东坡肉相媲美的国宝肉形石。据权威专家估价为1.5亿元。

▲ 东坡肉石

收　　藏：左图为大陆收藏家，右图为台湾故宫

"抗震"组合奇石

这里给大家介绍一套组合奇石发现的故事，很有意义。公元2008年5月12日14时28分04秒，四川汶川、北川发生里氏8.0级地震，地震造成69227人遇难，374643人受伤，17923人失踪。此次地震为新中国成立以来国内破坏性最强、波及范围最广、总伤亡人数最多的地震之一，被称为"汶川大地震"。

这次地震同时也对甘肃陇南武都和陕西宁强等地造成巨大伤害。

地震发生后，全国各地纷纷送物派人开赴灾区抗震救灾，天津对口支援甘肃陇南武都等地，天津支援团在甘肃抗震救灾期间努力工作，为灾区重建做出了很大贡献。滨海新区张先生就是天津抗震救灾支援团的主要成员之一。

一天，天津抗震救灾支援团的几位同志前往一处灾区的旅途中，大家在一条小河边休息时，张先生来到河边顺手捡起一块石头，他用河水洗净石头发现石面有些图案，挺有意思，心想留下这块石头作纪念吧，于是他随便又捡了几块石头一起带回了天津。回到天津后，他将这些石头洗刷干净，然后又仔细端详这些石头，突然间发现了这是一套组合极佳的"抗震组合石"。它们浑然天成，绝佳搭配，令人惊叹不已！

这可谓心有所思，奇妙呈现，这就是一种发现艺术，它需要观赏者的观赏情趣和观赏品味。

● **"天崩地裂"石**

高14厘米，宽21厘米，厚6厘米，灰白色为底色的石面上，分布许许多多的深褐色斑块，整个画面仿佛就是强烈地震将昔日宁静的雪山震塌，巨石飞溅，天崩地裂一般。

▲ 抗震石之——"天崩地裂"石

● **"震区救援"石**

高17厘米，宽18厘米，厚9厘米，深灰色的石面上仿佛出现一架灰色的直升飞机在空中盘旋，实施地震救援。更为奇特的是，在画面的左下方还有一只活龙活现的大熊猫。大地震就发生在大熊猫生活的区域。

▲ 抗震石之——"震区救援"石

● "灵犬搜救"石

高16厘米，宽24厘米，厚13厘米，深灰色石面上仿佛显现一只蹲坐的狼犬，它好像发现了地下的一些被困人员，等待救援人员施救。很巧合的是，在石面左侧出现一条裂纹，这条裂纹就像地震造成的断裂，并且断裂下面好像还埋有两人，等待救助。

▲ 抗震石之——"灵犬搜救"石

● "一碗米饭"石

高10厘米，宽13厘米，厚6厘米，这块奇石上下两种颜色分明，上面为白色，下面为深灰色。下边深色部分形状浑圆酷似一只碗，上边白色部分呈米粒状，好像是米饭。寓意灾区人民有了赖以生存的粮食。

▲ 抗震石之——"一碗米饭"石

● "学习ABC"石

高13厘米，宽8厘米，厚6厘米，这块奇石以深灰色为底色，一些浅色线条穿插其中，构成ABCO等不同英文字母。寓意灾区人民生活安顿后，教学工作也在开展。

▶ 抗震石之——"学习ABC"石

- ● "顶天立地"石

高23厘米，宽8厘米，厚5厘米，这块深绿色的石头，呈粗圆棒状，纵向分布一些浅色线条，可谓一柱擎天。寓意灾区人民抗震救灾，不屈不挠的精神。

- ● "题名"石

高8厘米，宽12厘米，厚5厘米，这块以深灰色为主的奇石上还有一片洁白的石面，主人认为可将"抗震组合石"写上去，构成完整的一套组合石。在另外一面，题上胡总书记四句话"一方有难，八方支援，自力更生，艰苦奋斗"就更有意义了。

▲ 抗震石之——"顶天立地"石

▲ 抗震石之——"题名"石

"美女蛇"奇石

20多年前，好像三峡大坝刚开始修建，但库区还没有蓄水，我们一行人来到著名景区小三峡，说要找块三峡石做纪念。大家蹚着潺潺溪水，寻觅着自己喜欢的三峡石，沿着河边走了一二千米，人人手中都捡了几块石头，我也捡了几块，其中有块三峡石画面上显现一个"仙"字，这块石头比较大，可能有八九千克，最后由一位年轻人专门拎上飞机的。还找到一块三峡画面石，图纹酷似熊猫脸谱，也挺有意思。在这些三峡石中，我感觉最好的一块三峡石，灰白色为底色，紫红色为图形，这块奇石横看像一个仙女飞天的画面，竖看就像一个侧身的美少女，头上盘着高高的发髻，发间插着一朵白色的蝴蝶结，清晰隆起的鼻梁和俊俏的嘴巴惟妙惟肖，胸前乳峰高耸青春无限，可是下身逐渐变成一条尾巴。早先看像"俄罗斯"美女，高鼻梁是特征，后来仔细端详，认为命名"美女蛇"更好。

▲美女蛇（三峡石）

　尺　　寸：18厘米×11厘米×4厘米
　收　　藏：刘道荣

奇石

一、奇石和观赏石有什么区别？

答：人们常将奇异之石称为奇石或观赏石，可是细究起来奇石与观赏石是有一些区别的。奇石就是经过大自然长期改造而形成的奇异之石，它具有特殊的造型、色彩、质地、纹理等表征，并且易于搬迁和收藏。奇石称谓强调的是石头本身的天然奇特的本性，也就是指天然形成的具有观赏、玩味、陈列和收藏价值的各种岩石、矿物及化石。观赏石的称谓除包含了石头的天然奇异特性外，还包含了鉴赏者自己主观的一

▲ 鉴真东渡（宜昌清江石）

▲ 灵璧石

尺　寸：宽80厘米

收　藏：柴宝成

些感悟。人们认为就一块石头本质而言，本身并没有美与不美、丑与不丑之分，而是经过人的鉴赏，才发现石头具有的美丽与丑陋、俊秀与笨拙、奇异与平常等差异，这是观赏者在石头上发现的艺术价值。以奇石称谓介绍就需要添加对石头的艺术评价，奇石鉴赏评价往往仁者见仁、智者见智，完全统一认识是比较困难的事情。而奇石就是自然天成的奇异之石、色彩之石、俊秀之石、质美之石。以奇石称谓进行介绍主要强调其奇特的本性，让人们自己去鉴赏评价吧。

二、如何收藏奇石?

　　答：奇石收藏可随意收藏，也可以系统收藏。石品可大可小，也可多可少，主要根据自己的财力、喜好、环境来选择。如生活在江边我们可以选择收藏河流常见的卵石，卵石类还可以侧重图纹石、质地石或色彩石。如果工作在内蒙古或新疆，可以选择内蒙古、新疆有特色的奇石，戈壁石、风棱石就是很好的品种。这样收藏就有特色，并且容易品出一些奇石精品、珍品。现在奇石收藏多是要花钱的，财力

▲ 广西绿碧玉

　　尺　　寸：高35厘米

　　收　　藏：柴宝成

和喜好成为重点。一般奇石爱好者可以自己采集一些本地具有特色的奇石收藏，自己可以清理采集来的石头，甚至配上底托或陈列架。也可以在本地奇石市场选购一些奇石小品收藏。尽管是小品，也可努力去发现一些具有稀奇表现的奇石，也许能淘出一些具有增值潜力的宝贝。这样花费较少的钱就能使自己得到收藏方面的一些满足，也许还

▲ 墨石

能有些经济收益。有些企业家经济实力强，自己也很喜欢奇石，就可以系统地、完美地选择收藏奇石，要尽可能收藏一些珍贵的石品，尤其要选择质地好、造型佳、分布少的奇石种类。这样还能使奇石珍品得到保值增值。比如，大型酒店的企业家就可以选择一些块度大、质地好的红水河奇石，或戈壁奇石，这些奇石质地多佳，资源也稀缺。收藏这些奇石不仅可以点缀殿堂，也可提高酒店文化品位。总之奇石收藏要根据自己的财力量力而行，要根据所处的环境因地制宜，要根据本人的职业因人而异。

具体来说，收藏奇石要从"形、质、色、纹、韵"等方面入手，其中，"形"就是奇石的造型要奇异俊秀，"质"指构成奇石的矿物成分，一般以石英质、玉质的奇石为上品。石的硬度一般摩氏硬度为4～8较好。"色"就是要奇石的色彩丰富鲜艳，对比度层次分明，如果石头上颜色有赤、橙、黄、绿、青、蓝、紫等多色者为上品，混合色、双色、单色渐次之。而色彩、形态、意境完美统一者，可谓奇石精品。"纹"就是奇石纹理显现，如纹理清晰，纹案奇异完美也是极为珍贵的。"韵"就是

▶ 台湾铁钉石

尺　　寸：13厘米×26厘米
　　　　　×4厘米
收　　藏：胡文通

讲究奇石的韵味，越品越有感觉，底蕴方显，精彩出现。一些传世奇石可能出现"包浆"，这也是影响奇石行情的重要因素。一般来说奇石流传时间愈久，石头色泽愈古朴归真，石体会发出成熟的幽光，行话称作"包浆"（或"古气"）。所以，"包浆"越凝重越好。

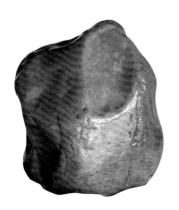

▲ 云南黄龙玉

▶ 曾国藩遗石（灵璧石）

收 藏：柴宝成

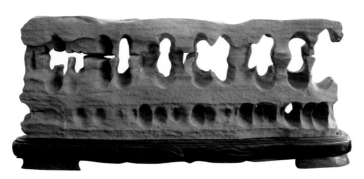

▲ 敦煌石窟（轩辕石）

三、收藏奇石要注意什么？

答：奇石收藏还需要关注奇石的天然性、完好度和完整度、赏玩性、奇特性、质地、大小等方面内容。

1. 天然性是奇石收藏最为重要的要素之一。

奇石必须来自大自然，它不依赖于人的意志，也不需要人的创造，更不需要人为的修饰，而需要人们去"发现"。现在市场上常常可以看到一些人为修饰过的造型奇石或图纹奇石，这样的奇石已经失去了其天然属性，它们不是真正意义上的奇石了，而是石质工艺品了。工艺品就可以大量制造，其价值自然就远不及天然奇石了。

▲ 观音坐像（蛋白石质）
尺　　寸：15厘米×6厘米×5厘米
收　　藏：李伊阳

2. 完整性和完好度是奇石追求的重要目标。

大自然的造化，可能形成各种各样奇形怪状的奇石。我们在采集或选购时要注意奇石的完整性和完好度，石体完好无损将能充分展示奇石的美感和收藏价值。可以想象一块俊美的奇石，出现损伤或破损将是多么遗憾的事情，其收藏价值也会因此大打折扣。我们收藏奇石一定要关注其是否完美无缺。

▶ 英石

3．赏玩性是人们对奇石品位的需要。

赏就是鉴赏之意，无论奇石大小都能鉴
赏。玩则是玩味，体会奇石带来的乐趣。奇
石的收藏价值与其赏玩价值密切相连。奇石
的赏玩价值大，则收藏价值亦大。奇
石的赏玩价值，是以其质、形、色、
纹、势等方面形式展现出来的，并由
人们去品其奇、巧、怪、美、韵的
味，由此获得玩石的种种享受，并
由此增添了奇石的收藏价值。

▲ 三峡栈道（灵璧石）

尺　　寸：50厘米×42厘米×22厘米

收　　藏：刘道荣

4．体量和硬度是奇石收藏的基本条件。

通常的情况下，块度大的奇石适合庭院点缀，体量小的奇石多
适合室内摆设。显然，数米高的奇石摆放在面积不大的房屋中就不合
适了。奇石的硬度也是收藏的一个基础指
标。通常情况下，奇石的硬度与其收
藏价值关系密切。奇石的硬度高，
不仅可以长期保存下去。而且，其
质感也会很好，石表多细腻圆润，
赏玩价值亦大。硬度低的奇石很容易
风化，石表很容易受到损坏而失去观
赏价值。硬度高者概括为一个"坚"
字。奇石质坚，给人的感觉是：
细、润、光、洁。奇石硬度大小是
收藏的基础。

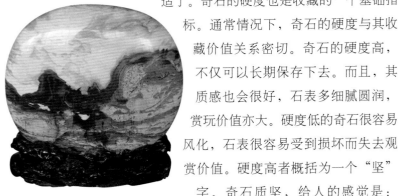

▲ 三峡清江石

尺　　寸：30厘米×32厘米×12厘米

5．具人文特性的奇石将增加收藏价值。

传世奇石可能几易其主，如奇石本身造型、色彩俱佳，奇石原收
藏者在历史上非常有名，其收藏价值就会很高。通常来看，一块奇石

因原收藏者名气或有着重要事件的背景，其价值可能会大大地提升。例如，北京颐和园里的一些前朝遗留下来的奇石其价值就非同寻常。历史著名人士如林则徐、曾国藩、文天祥等人收藏过的奇石其价值也十分珍贵了。

6. 组合奇石收藏

最近内蒙古奇石收藏者通过多年努力推出一桌奇石盛宴，其中许多道奇石"佳肴"、"点心"惟妙惟肖，奇妙的构思，精美的搭配，这桌盛宴价值不菲，这就是组合奇石。数年前由四块三峡石组成的"中华奇石"四个字的组合展示后，在奇石界引起轰动。随着奇石收藏者的品位不断提升，奇石收藏的丰富，必将出现更多组合奇石佳品。

组合奇石赏玩是以二件或多件组成，通常是小巧玲珑的小品（古书称石玩），并非简单地将适合放置的奇石放上橱架凑合，而是根据赏玩者所定的命题、构思、意境、理念来组合筛选；或是在收藏的奇石中，经过细心赏玩后，根据发现与灵感，选出有组合潜能的奇石，再去寻觅与其相匹配的奇石配套、组合。所以说组合奇石最重要的是发现和搭配，这需要较高的艺术修养和灵感。

组合奇石的选石也很重要，要色彩鲜明艳丽，造型奇趣和谐；可选一个石种或多个石种；可以图案配合造型石，立体配合平面石。如将组合奇石摆设在博古架框中，石的大小占框内1/3至1/2空间，四面要像书画一样注意"留白"。总体来说，必须达到谐趣、优美、浑然

▼卵石组合

一体的艺术效果。

组合奇石赏玩空间大，品位亦较高，有难度且具挑战性，能磨炼人的毅力和意志力，正因为如此，为越来越多的石友、爱好者所喜爱、追求与收藏。

组合奇石赏玩一般要注意以下几个环节。

1）要有自己创意，不能模仿别人，要有自己的个性和特色。

2）不要急于求成。组合奇石赏玩是在单件赏玩的基础上发展的，所以还是在单件赏玩到一定基础时开展组合赏玩为宜，这样能事半功倍；在组合奇石赏玩过程中也不是一帆风顺的，但只要能坚持下去，成功就一定属于你。

3）要注意学习。学习奇石文化，学习一些历史、地质、艺术、园艺等知识。参加、参观各类奇石展览，也是学习的好机会；与石友交流、切磋。

4）结合旅游观山看水或野外采石或到石市逛逛，往往有意想不到的收获。

5）组合奇石的寻觅不易，精美搭配更难，再有贴切而意境深邃的题名就难上加难。

6）组合奇石不能主观乱配，更不能为了组合造假，这是奇石收藏的大忌。组合奇石的完美构成是需要一定运气的。

奇石是大自然天然形成的，要组合赏玩达到一定的艺术水平并非易事，但是世上无难事只怕有心人。现在我们常能观赏到一些很有艺术造诣的组合奇石精品，如母子情深、相依相恋、心心相印、梅兰菊竹、春夏秋冬、十八罗汉、十二生肖、三个和尚、文字石"奇石世界"等。组合奇石刚刚兴起，通过你的发现，一定能创作出更加精美的奇石组合。

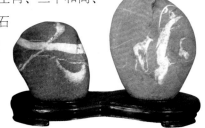

▶ "大与小"组合长江石

四、奇石有什么收藏价值？

答：奇石的收藏价值包含许多内容，除了经济价值外，还有赏玩性、珍稀性、历史性、科学文化性等方面价值。

首先是赏玩价值，奇石是大自然的产物，它一定要奇异，它一定要俊美，它更要有赏玩性，如一件石品令人深思、令人陶醉、令人品味，这件奇石就有赏玩价值。奇石要美在自然，妙在天成。它包容了天成的神韵、凝固的历史、无穷的奥秘，这是大自然创造出的首首无声的诗，幅幅立体的画。奇石的收藏价值，其赏玩价值至关重要。

艺术价值，精美的奇石是大自然馈赠给我们的珍贵礼物，一石一韵、一石一境、惟妙惟肖、韵味悠长。奇石的多姿俊美的造型，清晰明快的纹理，美丽丰富的色彩，细腻温润的质地给人以高雅的精神享受。一些奇石珍品已经成为千年不毁、万代流芳的自然天成的艺术品，收藏奇石不仅体现了人们的鉴赏力，也是一种高雅艺术性的表现。

珍稀价值，也就是奇石的价值贵在稀少。通常认为，同一石种中，如一方奇石的形态、图案、色彩等均为少见稀罕，那么这方奇石价值就相对要高。其实，我们很难在自然界找到造型、纹理、色泽完全相同的两块奇石，所以，任何一块奇石本身都具有稀少性。这里，我们还需要进一步引申其含义，如稀少优质的石种、罕见奇异的造型、难得的纹理图案等。一般说来，石质优、石种少的奇石比石质差、石种多的奇石价值高，如质地圆润细腻的戈壁风棱石价值通常比石灰岩类奇石价值高，罕见造型奇异、纹理的奇石就比普通造型纹理的价值高。戈壁奇石"岁月"、"小鸡出壳"，不仅石质优、石种少而且造型纹理非常罕

▶ 灵璧石（室内陈列）
尺　寸：高35厘米
收　藏：柴宝成

见，故而其珍稀价值非常高。

历史价值一般是指奇石时间效应。传世奇石收藏陈列后，长期与空气接触，其石肌会因风化作用而慢慢老化，又因长期摩挲等原因，还会有一层包浆，以致产生高雅的气质。至于时间效应的评价，一般来说，传世时间越长，奇石价格也越高。同时，历史价值又指有否名人效应。如这方奇石在历史上曾为某名人收藏过，且有确

▲ 西方老妪（内蒙古玛瑙质）

切记载，它的身价定然陡增。历经数千年传承奇石已经不单单只作为欣赏点饰之用，而是形成了一种独特的文化。有关奇石的收藏、鉴赏、研究等，从古至今多有记载，这里包含深厚的文化底蕴，给人许多启示。

科学文化价值，奇石的研究是介于自然科学与人文科学之间的新学科。如果通过一方奇石发现，能为地矿学、古生物学及人文艺术等诸多学科的发展有所促进和帮助，那么这方石的经济价值就不言而喻了。所以我们在鉴赏奇石时不但要考虑它的气质、品格、神韵、情性、灵魂等观赏价值，也要考虑到它的科学文化价值。

◀ 美猴王（玛瑙）
尺　　寸：15厘米×13厘米
收　　藏：陈锡波

五、彩陶石与彩釉石如何区分？

答：彩陶石，为柳州四大名石之一，又称"马安石"。大者重数吨，小者可掌上把玩。该石种有彩陶石和彩釉石之分。彩釉石是一种水洗程度更佳，其石肤似瓷器之釉面，称为彩釉石，又称"唐三彩"。无釉而似陶面者，则称彩陶石。两者石色具有翠绿、墨黑、橙红、棕黄、灰绿、棕褐等色。彩釉石有纯色石与鸳鸯石之分，鸳鸯石是指颜色双色以上者，又称多色鸳鸯石，鸳鸯石以下部墨黑上部翠绿为贵。彩釉石多见平台、层台形，不求形异，首选色泽，以翠绿色为贵。

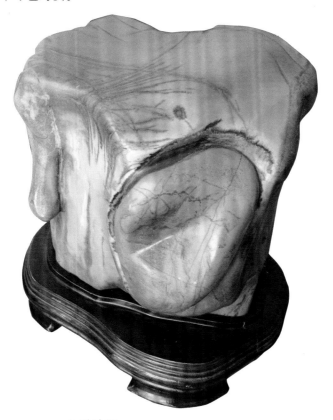

▲ 彩釉石

尺　　寸：20厘米×22厘米×18厘米

六、世界上最古老的岩石有多大岁数？

答：人们可能认为岩石年龄有几千万年或几亿年就算古老了，其实，奇石中一些沉积岩或变质岩形成时代非常古老，如蓟县叠层石就有十几亿年，但这还不算最古老的岩石。最近，科学家在澳大利亚西南部发现了一批最古老的岩石，根据其锆石矿物的同位素分析，表明它们的"年龄"为43亿至44亿岁，是迄今发现的地球上最古老的岩石样本，根据这一发现可以推论，这些岩石形成时，地球上已经有了大陆和海洋。在

▲ 沉积碳酸盐岩石（海百合）

地球诞生2亿至3亿年后，可能并不像人们所认为的那样由炽热的岩浆所覆盖，而是已经冷却到了足以形成固体地表和海洋的温度。地球的圈层分异在距今44亿年前可能就已经完成了。

据考，位于河北迁安黄柏峪村的古老岩石距今38.5亿年，是我国早太古代陆核的唯一代表，见证了早期地球形成和发展的历史。冀东地区的花岗片麻岩，其中包体的岩石年龄也达到35亿年。天津地质研究院陈列室就展示一块澳洲的古老变质岩，同位素年龄为39亿年。

▲ 狼鳍鱼与潜龙化石（辽西黏土岩）

七、什么是黑曜石？

答：有种半透明的玻璃质石头叫黑曜石，对许多人来说还比较生疏，其实它就是非晶质天然玻璃。是在自然条件下形成的玻璃，也叫自然玻璃。黑曜石是火山岩岩浆喷出地表迅速冷却后的产物，属于一种自然琉璃矿石。断口呈贝壳状，密度低，比其他水晶品种轻。由于黑曜石中有微小的针状结晶存在，微小的包裹体反射作用使曜石能够显现出光彩效应。人们称之为银辉；若显示出红色就称之为金辉，有个别彩色曜石同时显现金辉和银辉的奇观，这种现象不可多见。

▲ 黑曜岩原石

八、如何鉴别陨石？

答：陨石，又称流星，是地球以外的宇宙中的流星脱离轨道，穿过地球大气层落到地面上的天然物体。陨石有三种类型：石陨石、石铁陨石、铁陨石。石陨石是最常见的陨石，据称石陨石占全部陨石的92%。石铁陨石是介于石陨石铁陨石之间的过渡型陨石。铁陨石主要由金属铁、镍组成，它的一个重要特征是镍的含量高，地球上自然铁中镍的含量不超过3%，一般在1%左右，而铁陨石中镍的含量都超过

5%，铁陨石有两种重要的铁镍合金矿物。一种是铁纹石，镍的含量占4%～7%；将铁陨石表面抛光并用稀的硝酸溶液涂在表面后，铁陨石上会出现一种特殊的花纹，由交叉条带组成，呈网状，而条带又被一些发亮的狭窄细带围绕。条带是铁纹石，细带是镍纹石，这种花纹被称作维斯台登图案，具有这种花纹的铁陨石称作八面体铁陨石。地球上的自然铁中是绝对不会产生这种花纹的，只有经过高速、高温从宇宙中陨落在地球上的铁陨石才能结晶出这种花纹。所以它是断定、分辨真假铁陨石的最好方法。

▲ 铁质陨石

尺　　寸：7厘米×4厘米×2厘米

收　　藏：刘道荣

九、水晶绿幽灵是什么?

答:水晶家族有异像水晶存在,其主要特征是包含了一些火山泥灰及其他矿物质的内包物。最为人所知的是,包含绿色火山灰泥的,呈雾状层次为绿色,人们称之为绿幽灵的绿色幻影水晶,绿幽灵大部分是内部形成金字塔或者雾状层次的水晶。而相同道理,如果包含了一些白色的内包物就称为白幽灵或白色幻影水晶。水晶中包含各种颜色的包裹体,那就称为"异像水晶"。

▲ 绿幽灵水晶手串

▲ 绿幽灵水晶

十、名句"石不能言最可人"出自何处?

答:"石不能言最可人"在奇石界许多人都知道,但其出处不一定清楚。"自许山翁懒是真,纷纷外物岂关身。花如解笑还多事,石不能言最可人。净扫明窗凭素几,闲穿密竹岸乌巾。残年自有青天管,便是无锥也未贫"。乃出自陆游名为《闲居自述》的一首诗中,多少年来这句名句已经成为奇石界的一句口头禅。这句名句述尽玩石三昧,成为玩石之人冥冥之中向往的一种境界。

十一、雨花石有多少种类？

答：玛瑙质雨花石又称细石，其他类型雨花石称为粗石。依据石质可将雨花石分为以下10类。

1. 玛瑙、玉髓类雨花石。此类雨花石在水中格外晶莹剔透，又称"水石"或"细石"，属雨花石中上品，其特征是晶莹剔透，纹彩奇特，人们将其归纳为细、洁、润、腻、温、凝等特征，称之为六德。其自然花纹，往往可构成山水、人物、鱼虫等精美图案。

2. 蛋白石类雨花石。往往呈蛋白单色，也有因含原生铁、锰杂质所构成花纹或图案而成为珍品。

3. 碧玉岩类雨花石。常呈不透明的单色，如棕红、墨绿等，个别有因次生杂质或微细脉贯入构成古典花纹而成珍品者。

4. 燧石类雨花石。一般呈褐、黄、黑单色，也有黑白、黑黄、黄白相间的条带构成美丽的花纹燧石雨花石，这也是珍品之一。

5. 石英岩类雨花石。多为半透明的单色白或单色黄，可见细粒结构，有时有少量云母、辉石、绿泥石等杂质，构成的花纹图案可成为珍品。

6. 脉石英、水晶类雨花石。常为单色白或五色透明，能形成珍品的是由原生杂质、包裹体、结晶缺陷等构成鱼虫类、花卉类、奇巧类的自然花纹图案的雨花石。

▲ 蛋白石类雨花石

▲ 碧玉类雨花石

尺　寸：3厘米×2厘米×1.5厘米

7. 构造岩类雨花石。破碎角砾岩，构造混杂岩或有褶曲的硅化构造岩形成的雨花石，个别可以构成如瑞雪、海涛等自然现象的花纹图案。

8. 砾岩类雨花石。有的砾石雨花石可构成密集型蟒皮、鱼鳞状的自然花纹图案。

9. 化石类雨花石。这类雨花石含有一定观赏价值的动植物化石，或各类珊瑚化石组成的花卉类，它们可能成为珍品。

10.其他岩矿类雨花石。其他岩石（含火成岩、变质岩）和矿物（含宝玉石类矿物）形成具有观赏价值的雨花石。

▲ 细纹雨花石

▲ 石英脉类雨花石
尺　　寸：1.5厘米×1厘米×1厘米

▲ 砾岩类雨花石〔南京〕

▲ 化石类雨花石

十二、雨花石如何评价？

答：雨花石素以质、色、形、纹、呈象、意蕴著称华夏。其主要特征是"六美"，即质美、形美、弦美、色美、呈象美、意境美。雨花石图案有人物、动物、风景、花木、文字、抽象石等。

评价雨花石，通常从雨花石的大小、颜色、花纹、形态、层次、亮度、质地、硬度等多方面加以衡量。优质的雨花石通常应满足以下四项条件。

色泽——色多、色艳，色彩的对比度大，对比鲜明。

石质——细腻润滑，晶莹，没破损，少疤坑裂纹。

形状——近似圆形、椭圆形、桃形或随形，大小适中。

花纹——纹理奇妙，使观者产生想象，寓意于似像非像之间。

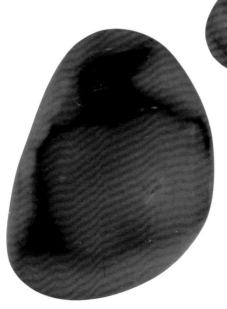

▲ 胭脂红雨花石
　尺　　寸：1.5厘米×1厘米×1厘米

◀ 企鹅（雨花石）
　尺　　寸：5厘米×4厘米×2厘米
　收　　藏：刘道荣

十三、灵璧石有哪"三奇"和"五怪"?

答:灵璧石具有"三奇"、"五怪"的神奇:三奇有声奇、色奇和质奇。声奇,叩之有声,声如青铜。色奇,黑如墨玉,磨之可为镜;白色则泽润如羊脂,犹如一团白云;彩色石红、黄、青、蓝搭配,美不胜收。含硅质灵璧石硬度大,灵璧石富含十多种有益于人体健康的微量元素,最利于长期收藏。五怪为瘦、透、漏、皱、丑的怪异形态。瘦,体态窈窕,突兀嵌空。透,洞豁贯穿,玲珑剔透。漏,空穴委曲,鬼斧神工。皱,皱縠叠浪,岩窦纵横。丑,丑极则美,美极则丑。丑而雄,丑而秀,乍看怪丑,实则娇美。

▲ 灵璧石

　　尺　　寸:高50厘米

　　收　　藏:于明学

◀红色碗螺灵璧石

　　尺　　寸:38厘米×32厘米×26厘米

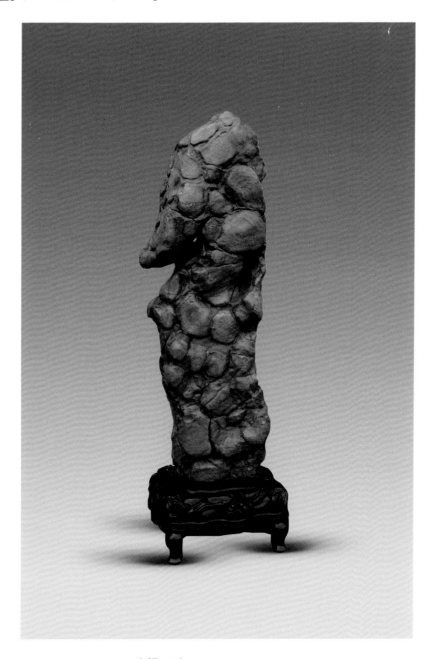

▲ 碗螺灵璧石

尺　寸：180厘米×30厘米×30厘米

十四、灵璧石有多少种类？

答：灵璧石大体分为六类。

磬石类：也统称八音石，有墨玉磬石、灰玉磬石、红玉磬石、三花磬石等，品种间除颜色、形体差异较大外，其石态、石质等方面基本相似，玲珑剔透，叩之有声。

龙鳞石类：现称碗螺石，有红碗螺、灰碗螺、黄碗螺等。此类石身均有凹凸形鳞状，直观感觉强，石身规律排列无数条龙身形体，且头尾完整。如切片加工，打磨上光，则平面显露出个个螺状环体图案，层次分明，轮廓清晰，环状色差较大。

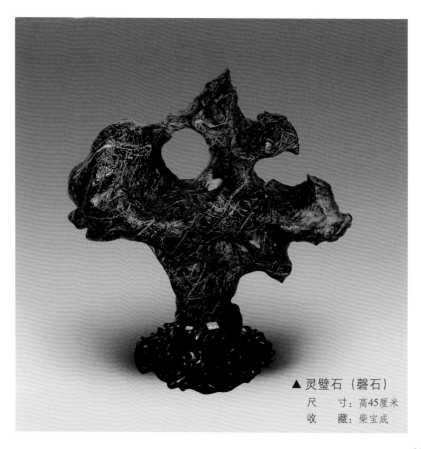

▲ 灵璧石（磬石）

尺　寸：高45厘米

收　藏：柴宝成

五彩灵璧石类：该石色彩缤纷灿烂，黄、绛、褐、红、青色花纹雕嵌，纹理特别，曲折舒展，如山川、河流、清泉、小溪、日出、朝霞，或黑云压城，或洪荒无情。可以多色，也有单色，如红、黄等。

花山青霜玉类（也称菜玉石）：石质较硬，硬度7以上，手感滑润，天然光洁。以灰、黑两色组成，深嵌体中，形似山丘，独成一体。

透花石类：此石黑、灰色，呈方圆、椭圆状。颜色的底色展现出化合物、植物、山川、清溪、沙丘、脸谱、文字等，古相典雅，栩栩如生。透过背面以强光照射，观之韵味无穷。

白灵璧石类：有红白灵璧石、黄白灵璧石、灰白灵璧石、五彩灵璧石、褐白灵璧石数种，各底色呈现斑斑点点的白玉，质地坚硬，如积雪、白云，点缀通体，天生丽质，自胜粉黛。

▲ 白灵璧

尺　　寸：15厘米×23厘米×12厘米

十五、如何保养灵璧石？

答："求一石易，养一石难"，收藏灵璧石一定要走出石头不需要保养的认识误区，既要赏石也要养石。专家和资深藏友建议，收藏灵璧石要以石为友，经常用手抚摸把玩，使人气和体润渗入石肤石体，时间长了即可形成包浆，包浆越凝重赏玩价值越高；其次要定期进行清洁和水养，尤其是定期用净水浸润，不仅有利于保持石头的生气，还有利于保持灵璧石独特的青铜之音。同时，保养灵璧石还要特别注意不能损坏石体，不能用油蜡之物涂抹，否则其观赏价值就会大打折扣。

◀ 卷纹灵璧石
尺　　寸：高85厘米
收　　藏：柴宝成

十六、最名贵的昆石有哪些品种？

答：昆石的品种有数十种之多，其中以玉峰山东山所产的"杨梅峰"，西山的"荔子峰"，后山的"海蜇峰"，以及前山翠尾岩的"鸡骨峰"和"胡桃峰"等品种最为名贵；其他如"鸟屎峰"、"石骨峰"等次之。鸡骨峰由薄如鸡骨的石片纵横交错组成，峰孔剔透，具坚韧刚劲感，在昆石中最为名贵；雪花峰灵巧纤细、洁白如雪；杨梅峰犹如石枝上长满晶莹的粒粒杨梅；胡桃峰石表皱纹遍布，块状突兀，晶莹可爱。

十七、风棱石是如何形成的？

答：风棱石的形成主要由戈壁的气候条件所主宰，据研究发现戈壁的风砂常常以5~10米／秒的速度夹杂着大量的粗细不等的砂粒，对岩石进行滚动式的吹蚀和打磨。再加之戈壁的特殊自然地理环境，昼夜温差极大，夏日白昼地表温度常达60~65℃，然而夕阳西下后，地表温度却骤然下降至10~15℃。岩石长期处于热胀冷缩的恶劣环境中，因而岩石解离崩裂的速率要远远超过一般的风化环境。所以风砺石处在优胜劣汰的条件中，低于摩氏硬度6级的岩石绝大多数被吹磨殆尽，存者的摩氏硬度多高于6级。另一个特点就是风砺石地处广袤无垠的戈壁之中相互撞碰的概率较低，所以它们都以单体的平均磨损为主，保持原始形态均匀地缩小。

▲ 玛瑙风棱石

主要参考著作

· **中国观赏石** ·

袁奎荣等人编著　　　北京工业大学出版社　　　　　1994年

· **中华奇石** ·

上海古籍出版社编著　　　　　　　　　　　　　1994年

· **中国奇石美石收藏与鉴赏全书** ·

谢天宇 主编　　　天津古籍出版社　　　　　　2005年

· **中国灵璧奇石** ·

张训彩著　　　军事谊文出版社　　　　　　　2000年

· **五大珍贵宝石鉴赏** ·

刘道荣编著　　　百花文艺出版社　　　　　　1993年

· **赏玉与琢玉** ·

刘道荣等编著　　　百花文艺出版社　　　　　2003年

· **奇石收藏指南** ·

刘道荣编著　　　印刷工业出版社　　　　　　2011年

· **奇石与鉴赏** ·

刘道荣编著　　　地质出版社　　　　　　　　2012年

· **奇石收藏入门百科** ·

刘道荣编著　　　化学工业出版社　　　　　　2013年

"从新手到行家"
系列丛书

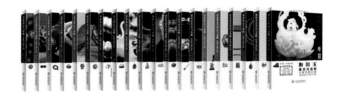

《和田玉鉴定与选购
从新手到行家》

定价：49.00 元

《南红玛瑙鉴定与选购
从新手到行家》

定价：49.00 元

《翡翠鉴定与选购
从新手到行家》

定价：49.00 元

《黄花梨家具鉴定与选购
从新手到行家》

定价：49.00 元

《奇石鉴定与选购
从新手到行家》

定价：49.00 元

《琥珀蜜蜡鉴定与选购
从新手到行家》

定价：49.00 元

《碧玺鉴定与选购
从新手到行家》

定价：49.00 元

《紫檀家具鉴定与选购
从新手到行家》

定价：49.00 元

《菩提鉴定与选购
从新手到行家》

定价：49.00 元

《文玩核桃鉴定与选购
从新手到行家》

定价：49.00 元

《绿松石鉴定与选购
从新手到行家》

定价：49.00 元

《白玉鉴定与选购
从新手到行家》

定价：49.00 元

《珍珠鉴定与选购
从新手到行家》

定价：49.00 元

《欧泊鉴定与选购
从新手到行家》

定价：49.00 元

《红木家具鉴定与选购
从新手到行家》

定价：49.00 元

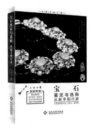

《宝石鉴定与选购
从新手到行家》

定价：49.00 元

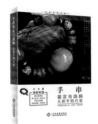

《手串鉴定与选购
从新手到行家》

定价：49.00 元

《蓝珀鉴定与选购
从新手到行家》

定价：49.00 元

《沉香鉴定与选购
从新手到行家》

定价：49.00 元

《紫砂壶鉴定与选购
从新手到行家》

定价：49.00 元

图书在版编目（CIP）数据

奇石鉴定与选购从新手到行家 ／ 刘道荣著．－－ 北京：
文化发展出版社有限公司，2015.9
　ISBN 978-7-5142-1194-8

　Ⅰ．①奇… Ⅱ．①刘… Ⅲ．①观赏型－石－鉴赏－中国
Ⅳ．① TS933.21

中国版本图书馆 CIP 数据核字 (2015) 第 106150 号

奇石鉴定与选购从新手到行家

著　　者：刘道荣
出 版 人：赵鹏飞
责任编辑：肖贵平
执行编辑：冯小伟
责任校对：岳智勇
责任印制：孙晶莹
内文设计：辰征·文化
封面图片提供：文　姓

出版发行：文化发展出版社（北京市翠微路 2 号 邮编：100036）
网　　址：www.wenhuafazhan.com
经　　销：各地新华书店
印　　刷：北京博海升彩色印刷有限公司
开　　本：889mm×1194mm 1/32
字　　数：150 千字
印　　张：6
印　　次：2015 年 9 月第 1 版　2017 年 5 月第 2 次印刷
定　　价：49.00 元
ＩＳＢＮ：978-7-5142-1194-8